新时代新理念职业教育教材 · 城市轨道交通运营管理类
岗课赛证融通系列教材
校企双元合作开发教材

城市轨道交通客运组织

主　编　李　曼　朱丽蕊
副主编　魏　雪　陈昕月
参编者　赵　越　梁淑晶　孙洪雁

北京交通大学出版社
· 北京 ·

内 容 简 介

本书从企业岗位需求和教学实践的角度出发，对城市轨道交通客运组织工作进行了全面分析。全书共分 8 个项目，其主要内容包括：城市轨道交通客运组织概述、城市轨道交通车站、城市轨道交通车站技术设备、城市轨道交通自动售检票系统、城市轨道交通票务组织、城市轨道交通车站运营组织、城市轨道交通车站客流组织、城市轨道交通车站突发事件应急处理办法。

本书可作为大、中专院校相关专业学生的学习用书，也可作为城市轨道交通客运组织人员的培训用书。

图书在版编目（CIP）数据

城市轨道交通客运组织 / 李曼，朱丽蕊主编. -- 北京 : 北京交通大学出版社，2024. 11.
ISBN 978-7-5121-5409-4

Ⅰ. U239.5

中国国家版本馆 CIP 数据核字第 20241SE839 号

城市轨道交通客运组织
CHENGSHI GUIDAO JIAOTONG KEYUN ZUZHI

策划编辑：刘 辉　　责任编辑：郭东青
出版发行：北京交通大学出版社　　电话：010-51686414　　http://www.bjtup.com.cn
地　　址：北京市海淀区高梁桥斜街 44 号　　邮编：100044
印 刷 者：北京虎彩文化传播有限公司
经　　销：全国新华书店
开　　本：185 mm×260 mm　　印张：9.25　　字数：237 千字
版 印 次：2024 年 11 月第 1 版　　2024 年 11 月第 1 次印刷
定　　价：29.00 元

本书如有质量问题，请向北京交通大学出版社质监组反映。对您的意见和批评，我们表示欢迎和感谢。
投诉电话：010-51686043，51686008；传真：010-62225406；E-mail：press@bjtu.edu.cn。

前　　言

城市轨道交通作为 21 世纪一种高效的交通方式，正日益受到各国政府和城市居民的青睐。随着我国城市化进程的加快，城市轨道交通的发展更是成为推进城市化进程的重要因素之一。城市轨道交通客运组织课程，是城市轨道交通运营与服务专业的核心课程之一，也是长春职业技术学校的精品课。为了满足本专业教学的需要，我们编写了这本《城市轨道交通客运组织》。

本书紧紧围绕轨道交通行业的职业需求，力求体现“以就业为导向，以服务为宗旨”的职业教育办学方针，从专业人才培养目标出发，按照任务驱动型的教学模式编写。本书旨在为城市轨道交通运营与服务专业的学生提供一本内容全面、实用性强的客运组织教材，帮助他们更好地掌握客运组织的基本知识和技能，为将来从事城市轨道交通客运工作打下坚实的基础。本书的编写以城市轨道交通运营与服务专业学生的基本能力和素养要求为出发点，兼顾学生未来的职业素养培养。

本书共分为 8 个项目，主要内容包括：城市轨道交通客运组织概述、城市轨道交通车站、城市轨道交通车站技术设备、城市轨道交通自动售检票系统、城市轨道交通票务组织、城市轨道交通车站运营组织、城市轨道交通车站客流组织，以及城市轨道交通车站突发事件应急处理办法。

本书在编写过程中，得到了长春职业技术学校、长春轨道交通集团有限责任公司等单位相关领导和专家的指导和帮助，在此一并表示感谢。

由于编者水平有限，书中难免存在疏漏和错误之处，恳请各位专家、读者批评指正。最后，对所有为本书的编写和出版给予帮助的相关人员，表示最衷心的感谢。

编　者

2024 年 11 月

目　　录

项目 1　城市轨道交通客运组织概述

建议学时

16 学时。

学习地点

一体化实训中心。

任务 1.1　城市轨道交通客运组织工作基本认识

布置任务

1. 了解城市轨道交通客运组织的概念；
2. 了解客运组织工作的基本特点；
3. 了解客运组织工作的基本要求；
4. 掌握城市轨道交通客运组织机构。

建议学时

8 学时。

人员分工

小组分工表

小组名称		组内分工
组长		
组员 1		
组员 2		
组员 3		
组员 4		
组员 5		
组员 6		

学习任务单

小组学习任务单

小组名称	
组员	
学习任务 1	绘制城市轨道交通客运组织结构图，并进行小组汇报
学习任务 2	绘制城市轨道交通车站管理模式结构图，并进行小组角色扮演汇报

相关资料

1.1.1 城市轨道交通客运组织的概念

城市轨道交通主要通过合理的客运组织来完成其大批量的客运任务。城市轨道交通客运组织是指通过合理布置客运有关设备、设施，对客流采取有效的分流或引导措施来组织客流运送的过程。客运组织是城市轨道交通运营生产的重要组成部分，客运组织工作的质量直接反映城市轨道交通运营企业的管理水平。

城市轨道交通客运组织必须实行集中领导、统一指挥的原则，控制指挥中心（OCC）负责全线客运组织工作，车站的客运组织由车站站（区）长或值班站长负责。需建立健全各项工作制度，运营、乘务、维修等各部门之间密切配合，共同维护好站车秩序，完善管理工作细节，提升工作效率和服务质量。

1.1.2 客运组织工作的基本特点

城市轨道客运组织服务的对象是市内交通乘客，不办理行李包裹托运服务。全日客流分布在时间上有较为明显的高峰（一般为早晚高峰）和低谷之分。全年客流分布在时间上按季、月、周、节假日有较大起伏。

1.1.3 客运组织工作的基本要求

客运组织工作主要在车站完成，车站客运作业包括售检票作业、乘客问询、客流疏导、站台服务等。车站是轨道交通对乘客服务的窗口，车站客运作业直接面对乘客，客运服务的质量，直接关系到市民对轨道交通的满意度，也反映了轨道交通运营企业的管理水平。车站客运组织工作的基本要求如下。

1. 站容整洁

车站内、外应明亮、整洁，各种设备和设施摆放整齐、有序；站台、站厅、通道及出入口墙壁光洁，地面无垃圾和废物；卫生间清洁、卫生。

2. 导向标识清晰、完备

车站内、外应有清晰、完备的导向标识系统，为乘客全过程、不中断地提供导向信息。车站外应有明显标识引导乘客进站，在车站出入口应设置醒目的地铁标识；乘客进站后应有指示客服中心、进站方向、紧急出口等各方向的引导标识；在站台应设置列车运行方向、换乘方向等导向标识。此外，还应设置示警性和服务性导向标志，如地铁运营线路图、列车运行时刻表、票价信息、厕所、公共电话、车站周边公交线路与公共设施指南等。

3. 优质服务

客运服务人员应遵守职业道德，文明礼貌，规范地为乘客提供服务。对老、弱、病、残、孕等需要帮助的乘客应主动、热情地提供协助，耐心、正确地回答乘客提出的问询，帮助乘客解决疑难问题。应经常征询乘客的意见，及时完善服务细节，不断提高客运服务水平。

4. 遵章守纪

客运服务人员应认真执行各项客运规章制度，服从命令、听从指挥。执行客运工作任务，客服人员应按规定着装并佩戴标志，仪表整洁，体现良好的精神风貌。

5. 掌握客流规律

分析客流统计资料，掌握车站客流在时间、空间上的分布与变动，对可预见发生的大客流做好充分的准备工作，及时应对。

1.1.4　城市轨道交通客运组织机构

在不同的城市轨道运营企业中，客运组织机构的设置有一定的差别，总的来说，城市轨道交通客运组织机构的设置，是由轨道交通客运具体工作的功能决定的。

1. 城市轨道交通总公司客运业务部门

城市轨道交通总公司客运业务部门的主要工作包括：制定客运规章制度；进行城市客流调查、分析及预测，并据此合理安排城市轨道交通具体运营工作；编制客运计划，组织编制并下达全年客运计划；合理制订城市轨道交通车票印制计划；合理制订列车运行计划及临时加开列车的审批。

2. 网络运营指挥中心

1）运营方案的调整

在日常的城市轨道交通运营管理工作中，当出现特殊情况，需要及时调整运营方案时，对出现的特殊情况，需要增加列车密度，及时运送乘客，做出正确的判断，并进行组织安排实施。

2）日常运营管理工作应急指挥

在城市轨道交通日常运营管理工作中，当出现突发事件时，网络运营指挥中心需要根据具体情况做出判断，并指挥相关部门根据具体情况，启动或取消预案；根据日常轨道运营地区的具体情况，缩短或延长线路运营时间；根据日常轨道运营的具体情况，在非运营时间内，加开客运列车；指挥相关车站及出入口关闭或开启工作；根据日常轨道运营的具体情况，指挥相关线路换乘站换乘方式的变更或停止工作；根据日常轨道运营的具体情况，指挥公交配套预案的启动或取消工作；根据日常轨道运营的具体情况，启动或取消 AFC 系统降级运营模式；当出现大客流时，应尽快加强与事发线路控制中心的沟通，迅速做出反应，确定恢复运营的方案，协调、指挥各客运单位、各部门的行车和客运组织工作，启动应急预案，对重点车站加开列车进行客流疏散，对可能造成的大间隔及早采取疏导措施，及时通知邻线 OCC 调度员，做好预警，通过邻线车站控制换乘客流，及时疏导换乘站客流；通过 PIS 系统，告知乘客拥堵区段，引导乘客选择其他线路到达出行目的地。

3. 分线客运业务部门

分线客运业务部门主要的工作内容是贯彻执行运营公司下达的有关规章、命令及指示；根据下达的年度计划，编制下达本段季度计划和月计划；制定车站客运管理办法；督促各车站严格执行运行图；组织、协调各车站执行本段下达的客运计划；实施客流调查工作。

4. 分线控制中心客运调度

城市轨道交通不同线路的控制中心客运调度方面的主要工作有：当班客调根据行调对运营计划的调整，发布非正常运营相应的信息，组织车站通过站台、站厅、列车的显示屏及广播告知乘客；配合行调的命令，对需要清客、实行反向运行的车站或列车放站、通过的车站，客调负责提前通知、并督促车站在做好广播的同时，组织起有效的客流疏导和车站服务。运营中某一车站发生大客流事件后，客调应通过短信平台及时发布相关短信，做好信息汇报，其中包括将该情况及时通知全线各站，同时各站将了解的运行信息及时向乘客发布或者及时通知轨道公安分局配合、协助车站疏导客流，必要时对车站下达封站、AFC 系统降级模式等各种命令；负责对管辖线路内客流量进行实时监控，掌握客流变化情况，密切关注各换乘站的客流情况，做好统计分析工作。

5. 车站

城市轨道交通各个车站的主要工作是贯彻执行公司、段（部）下达的规章、命令和指示；根据段下达的计划，努力完成客运任务；制定车站的客运管理细则、作业程序和实施措施；做好售、检票服务工作；搞好相关的宣传及卫生、乘客服务工作；严格执行城市轨道交通管理办法及规章制度；在遭遇突发性客流时，必须根据上级部门的要求，组织快速疏导客流，确保乘客的安全；车站控制室内设有站厅、站台监视器，用来监护乘客动向，对保证正常的客运秩序，加强广播宣传及对乘客的引导十分必要。

6. 城市轨道交通车站管理模式

城市轨道车站是城市轨道交通系统的重要组成部分，是企业与服务对象的主要联系环节。其核心任务是安全、迅速、方便地组织客流集散，做好行车组织工作；各客运岗位的工作职责及作业程序也存在很大差异；车站常驻人员包括站务运营人员、保安人员、保洁人员、设备维修人员、地铁公安人员等。

城市客运交通系统由城市轨道交通系统、道路交通系统、私人交通等共同组成。城市轨道交通车站以安全、高效地运输乘客为宗旨，车站应该根据行车计划、施工计划以及客运组织计划的要求建章立制，合理设置岗位及组织排班，并有序安排各岗位员工履行职责，协调运作。

城市轨道交通车站设置中心站站长、值班站长、值班员（行车、客运）和站务员等岗位。车站管理模式采用值班站长负责制，负责当班期间车站的行车安全、客运服务、票务、环境清洁、事件处理、人员管理等工作。在值班站长的指挥下，各岗位工作人员按照岗位职责和工作流程开展工作。城市轨道交通车站通常有维修、商铺、公安等外单位（部门）驻站人员。车站运作以车站运输组织为核心，维修人员、商铺人员、公安人员等应以服务于车站运输组织为前提开展工作。

在重大节假日或大型活动前，车站应将有关运营服务信息及站内客运应急方案通报各单位。发生特殊情况时，由值班站长负责指挥处理，可以调动站内的维修人员、商铺人员，公安人员协助处理。

评价与分析

班级		姓名		所在小组		
序号	评价要点	配分	得分	自我评价（20%）	组长评价（30%）	教师评价（50%）
1	课前任务完成情况	10				
2	课堂知识掌握程度	20				
3	小组任务完成情况	40				
4	小组合作配合情况	20				
5	课后任务完成情况	10				
总分						
学习小结						

任务 1.2　城市轨道交通客运市场基本认识

布置任务

1. 了解城市轨道交通市场营销的概念；
2. 理解城市轨道交通市场营销的目标；
3. 理解城市轨道交通客运市场细分策略；
4. 掌握城市轨道交通市场营销组合。

建议学时

8 学时。

人员分工

小组分工表

小组名称		组内分工
组长		
组员 1		
组员 2		
组员 3		
组员 4		
组员 5		
组员 6		

学习任务单

小组学习任务单

小组名称	
组员	
学习任务1	编制一份地铁1号线乘客细分报告
学习任务2	请为本市的城市轨道交通运营公司，编制一份市场营销策划方案（营销组合方案）
学习任务3	请为本市的城市轨道交通运营公司，制作一支公益宣传广告
学习任务4	以小组为单位，进行国内外优秀地铁广告展示

相关资料

1.2.1 城市轨道交通市场营销的概念

城市轨道交通市场营销是指经由交易过程来满足人们对客运服务的需要和欲望的一切活动。其中，城市轨道交通乘客的需求可概括为“安全、快速、舒适、经济”地到达目的地。乘客对城市轨道交通产品的需求是服务产品，核心产品是乘客位移。乘客乘坐轨道交通是为了到达目的地，这是轨道交通的实际效用和益处。附加产品要满足乘客期望的更多需求，包括乘行前、乘行中和乘行后的服务。如进入轨道交通站点前站外导向标识的引导、首末班时间通告、购票便捷程度、出站指南、地面换乘等多方面的延伸服务。还希望轨道交通沿线尽可能提供就业、教育、运动、休闲、娱乐、保健、购物、餐饮、观赏等各类社会资源，提供一种新型生活方式。城市轨道交通客运市场营销应围绕核心产品和附加产品这两方面展开营销策略，以期带给轨道交通运营企业良好的社会效益和经济效益。

城市轨道交通客运市场营销管理应细分各个客运市场，在目标市场内，创造、建立和维持轨道交通企业与被服务乘客间的互利方案，根据目标市场的需要及乘客欲望、知觉与偏好的分析，来设计运输服务产品，以期能提供有效的服务产品设计、定价、沟通的程序，不断满足乘客的各种延伸需求，提升运营企业的服务水平。

1.2.2 城市轨道交通市场营销的目标

1. 尽量吸引最多的乘客

城市轨道交通客流量越大，轨道交通企业越能充分发挥其服务资源。一方面实现了轨道交通企业服务大众的目的，另一方面也可以改变轨道交通企业的财务状况。香港地铁被誉为世界上最卓越的地铁系统之一，其经营理念中很重要的一条就是“争取乘客”。在乘客服务方面从不满足于现状，积极寻求改善的途径，从而始终保持着强劲的竞争能力。港铁公司年均获利数十亿港元，是目前世界上盈利最多的地铁运营企业。

2. 满足消费者出行需求

城市轨道交通市场营销的任务，就是随着旅客的需求、欲望的改变，随时调整企业的服务组合，以满足旅客的需求。以香港地铁为例，在香港地铁系统中，处处可见同站台换乘、无缝交通枢纽及独特的全天候、人性化行人连廊，使香港的轨道交通系统历年被评为公众最满意的交通工具，真正成为广大市民生活的重要组成部分。

3. 提高人们的日常生活质量

城市轨道交通是大众性运输方式，与市民的生活质量密切相关。所以，轨道交通企业如果能有效地提供符合人们需要的运输服务且广为旅客所接受，就能直接提高人们的生活质量。香港地铁在客运强度、安全、可靠、效率和效益等方面均保持世界领先的地位，真正做到了给予香港市民“多点时间、多点生活”的体验。港铁公司不断完善规划和设计，使轨道交通车站社区成为备受市民欢迎的优良的便捷社区，成为全港43%以上就业人口的安乐社区。

1.2.3 城市轨道交通客运市场细分策略

市场细分是根据乘客对服务市场需求的差异性，将整体服务市场划分为若干个需求与欲望大体相同的顾客群，使其成为特定营销组合所针对的目标市场。

城市轨道交通企业因其受资源（人力、物力、财力）及乘客不同需求偏好的限制，无法为其营运地区的所有市民提供服务。城市轨道交通企业若想提高其设备与资源的营运效益，最大限度地满足乘客的需要，则必须将市场加以细分，并对各细分市场的乘客特性加以细分。根据城市轨道交通的特点，选择最能有效提供服务的细分市场，作为企业的目标市场，同时更进一步根据目标市场的需求特征，发展或调整所提供的服务，从而使乘客的需求能获得最大的满足。将一个市场加以细分，首先要找出一系列影响乘客需求的细分变量。用于服务市场细分的变量主要有消费者特征变量和消费者反应变量。

乘客细分市场的标准包括人口生命周期（一个社会的人口结构，包括已婚人口、单身人口等，直接影响着乘客出行的需求程度）、社会因素（包括社会阶层、职业、受教育程度、宗教种族、价值观念、审美观念、风俗习惯等）、心理因素（包括生活方式、生活态度、个性和消费习惯）、地理因素（包括城市规模、人口密度、气候）。

1.2.4 城市轨道交通市场营销组合

所谓市场营销组合就是企业可以控制的各种市场营销手段的综合运用。人们为了便于分析使用，曾提出多种营销组合分类方法，其中以美国市场营销学家麦卡锡的分类法应用得最为广泛。麦卡锡将各种营销策略概括为4P，即产品（product）、价格（price）、渠道（place）、促销（promotion），称为4P组合策略。

1. 产品策略

城市轨道交通的市场营销理念是以市场为导向，以“满足乘客需求”为核心的现代经营理念。城市轨道交通运营企业提供的服务与乘客的消费是同时、直接进行交换的，城市轨道交通运营市场属于服务营销范畴，随着世界经济进入“服务经济时代”，服务因素成为商业的核心，成为市场竞争的新焦点。服务营销成为企业树立良好形象、创造新乘客、留住老乘客的最佳途径。城市轨道交通企业要树立、提高、更新营销观念，自觉树立“为乘客服务”的营销理念，以乘客为中心，及时有效地对乘客需求作出反应，及时调整自身经营活动，改善经营管理，全方位地提升服务产品的质量内涵。城市轨道交通的市场营销应围绕其服务产品——乘客位移和出行服务两方面同时展开。

2. 价格策略

城市轨道交通企业应对既有票价系统针对价格杠杆的敏感度进行分析，确立最佳价格点，提出可行性的修改意见并建立适应市场变化的价格机制。票价对乘客的心理承受能力会产生极大的影响，要根据乘客得到的服务来制定合理的票价，使运营企业、乘客双方受益。

3. 渠道策略

城市轨道交通的渠道策略，受到城市轨道交通线网铺设的影响，随着城市的不断发展，轨道交通的路线增多，城市轨道交通的渠道也不断增多，为轨道交通的经营发展提供了重要的保证。

4. 促销策略

目前，大多数城市轨道交通的促销手段，多集中于广告策略和公共关系管理。例如在车站站台上的商业广告牌及公益广告等。

评价与分析

班级		姓名		所在小组		
序号	评价要点	配分	得分	自我评价（20%）	组长评价（30%）	教师评价（50%）
1	课前任务完成情况	10				
2	课堂知识掌握程度	20				
3	小组任务完成情况	40				
4	小组合作配合情况	20				
5	课后任务完成情况	10				
总分						
学习小结						

项目 2　城市轨道交通车站

建议学时

24 学时。

学习地点

一体化实训中心。

任务 2.1　城市轨道交通车站的概念与分类

布置任务

1. 了解城市轨道交通车站的概念；
2. 掌握城市轨道交通车站的分类。

建议学时

8 学时。

人员分工

小组分工表

小组名称		组内分工
组长		
组员 1		
组员 2		
组员 3		
组员 4		
组员 5		
组员 6		

学习任务单

小组学习任务单

小组名称	
组员	
学习任务 1	以小组为单位，完成本市城市轨道交通不同类型车站调研报告（按照车站修建位置分类）
学习任务 2	以小组为单位，完成本市城市轨道交通不同类型车站调研报告（按照车站在线路中的修建位置和担任的运营功能分类）
学习任务 3	以小组为单位，完成本市的城市轨道交通换乘车站调研报告

相关资料

2.1.1　城市轨道交通车站的概念

城市轨道交通车站是客流的节点，同时城市轨道交通车站是乘客出行的基地。乘客上车、下车以及相关的作业都是在车站进行的，城市轨道交通车站也是列车到发、通过、折返、临时停车的地点。同时，车站还具有购物、集聚及作为城市景观等一系列功能，所以车站的选址、布置和规模等因素，不仅影响运营效益，而且关系到整个城市的运转。

2.1.2　城市轨道交通车站分类

1. 按照地铁车站规模分类

地铁车站规模是根据车站高峰每小时客流量来进行分类的。其中，高峰每小时客流量达到 3 万人次以上的车站叫作大型车站；高峰每小时客流量在 2 万～3 万人次之间的车站叫作中等车站；而高峰每小时客流量在 2 万人次以下的叫作小车站。

2. 按照车站修建位置分类

按照车站修建位置车站可分为高架车站、地面车站和地下车站。其中，高架车站是指车站主体建筑和设备设施设置在立体高架建筑上的车站，目前长春市的大部分轻轨站都为高架车站。地面车站是指车站主体建筑和设施设备设置在地面之上的车站，比如长春市的长春站，辽宁路轻轨站等都是地面车站。地下车站是指车站主体建筑和设备设施设置在地下的车站，大部分的地铁车站都为地下车站。而地下车站又根据埋深不同分为深埋式地下车站和浅埋式地下车站，朝鲜平壤市的地下车站埋深 100 m，是目前世界上埋深最深的车站。

3. 按照车站在线路修建位置和担负的运营功能分类

按照车站在线路修建位置和担负的运营功能分类，车站可分为端点站、中间站、换乘站、大型换乘站。

1）端点站

端点站可以称为始发站或终点站，一般设置在整条线路的两端。除具有供乘客乘降的基本功能之外，还可供列车折返、停车检修之用。

2）中间站

整条线路中除了端点站之外的都叫作中间站，中间站一般只供乘客乘降之用，但有些中间站还设有折返线、渡线和存车线等，可供列车折返和运行。一般城市轨道车站大多属于中间站。

3）换乘站

换乘站一般设置在两条及两条以上的城市轨道线路交叉点。换乘站除具有供乘客乘降的基本功能外，其最大的特点是乘客可从一条线路换乘到另一条线路上，在最大限度上节省乘客出站、进站及排队购票的时间，为乘客换乘提供方便。

4）大型换乘站

大型换乘站一般设置在各种交通工具集中换乘的地点，对于综合的大型换乘枢纽站，为方便乘客的换乘，可考虑采用高架或地下立体方式与其他交通工具乘客乘降点加以连通。

评价与分析

班级		姓名		所在小组		
序号	评价要点	配分	得分	自我评价（20%）	组长评价（30%）	教师评价（50%）
1	课前任务完成情况	10				
2	课堂知识掌握程度	20				
3	小组任务完成情况	40				
4	小组合作配合情况	20				
5	课后任务完成情况	10				
总分						
学习小结						

任务 2.2　城市轨道交通车站设计

布置任务

1. 了解城市轨道交通车站的选址原则；
2. 理解城市轨道交通车站平面布局的设计原则。

建议学时

8 学时。

人员分工

小组分工表

小组名称		组内分工
组长		
组员 1		
组员 2		
组员 3		
组员 4		
组员 5		
组员 6		

学习任务单

小组学习任务单

小组名称	
组员	
学习任务 1	撰写调研报告，选取本市一个城市轨道交通车站，并说明其选址原则
学习任务 2	绘制本市某个城市轨道交通车站平面设计图，并说明其设计原则

相关资料

2.2.1　城市轨道交通车站的选址原则

轨道交通车站应布设在主要客流集散点和各种交通枢纽点上，其位置应有利于乘客集散，并应与其他交通工具换乘方便。车站间距应根据线路功能、沿线用地规划确定。一般来说，在市中心区等客流较为密集的地方，车站间距应小一点，而在外围区等客流相对稀疏的地方，车站间距可以大一点。

城市中心区站间距较小，能使轨道交通站点上下客负荷较为均匀，避免有些站点负荷大而导致列车因停站时间延长带来运行的延误。因此，一般中心区的车站间距在 1 km 左右，外围区的车站间距可以在 1.5～2 km。当线路经过客运车站时，应设站换乘。而且一般情况下，间距小的区间，列车运行速度较慢，而间距大的区间，列车运行速度则较快，这样才能符合轨道交通快速通行的服务要求。

2.2.2　城市轨道交通车站平面布局的设计原则

1. 一致性原则

车站选址应与城市规划、城市交通规划及轨道交通路网规划的要求相一致，以满足远期规划的要求。

2. 适用性原则

车站选址应综合考虑该地区的地下管线、工程地质、水文地质条件、地面建筑物的拆迁以及改造的可能性等情况；设计应满足远期客流集散量和运营管理的需要，应具有良好的外部环境条件，最大限度地吸引乘客；应满足客流高峰时期所需要的各种面积及楼梯通道等宽度要求。

3. 协调性原则

车站总体设计应注意与周围环境相协调，比如与整个城市的景观、地面建筑规划相协调。

4. 安全性原则

因为大部分地铁车站设施在地下，环境比较密闭，所以车站应该设置足够明亮的照明设施，足够宽的楼梯以及疏散通道，具有指示牌及防灾设施等。

5. 便利性原则

车站站位应尽可能地靠近人口密集区和商业区，最大限度地方便乘客出行。

6. 识别性原则

车站设计应体现现代交通建筑的特点，简洁、明快、大方并易于识别，同时车站及车辆线路要有明显的特征和标志。

7. 舒适性原则

车站的设计要以人为本，要有舒适的内部环境和现代的视觉观感，并解决好通风、温度和卫生等问题。

8. 经济性原则

车站的设计应尽可能地与物业开发相结合，使土地的利用最充分，并尽可能地降低造价，节约投资成本。

评价与分析

班级		姓名		所在小组		
序号	评价要点	配分	得分	自我评价（20%）	组长评价（30%）	教师评价（50%）
1	课前任务完成情况	10				
2	课堂知识掌握程度	20				
3	小组任务完成情况	40				
4	小组合作配合情况	20				
5	课后任务完成情况	10				
总分						
学习小结						

任务 2.3　城市轨道交通车站客运设备布置

布置任务

1. 理解城市轨道交通车站建筑的基本构成；
2. 掌握城市轨道交通车站客运实施设备布局。

建议学时

8 学时。

人员分工

小组分工表

小组名称		组内分工
组长		
组员 1		
组员 2		
组员 3		
组员 4		
组员 5		
组员 6		

学习任务单

小组学习任务单

小组名称	
组员	
学习任务 1	绘制所在城市某地铁车站布局平面图（公共区域）
学习任务 2	请为本市在建设（或者规划中）的城市轨道交通线路，制定一个地铁车站的总体设计方案

相关资料

2.3.1 城市轨道交通车站建筑的基本构成

1. 车站主体

车站主体作为列车的停车点，不仅要供乘客上下车、集散、候车，一般也是办理运营业务和运营设备设置的地方。车站主体根据功能可分为车站用房和乘客使用空间，如图 2–1 所示。

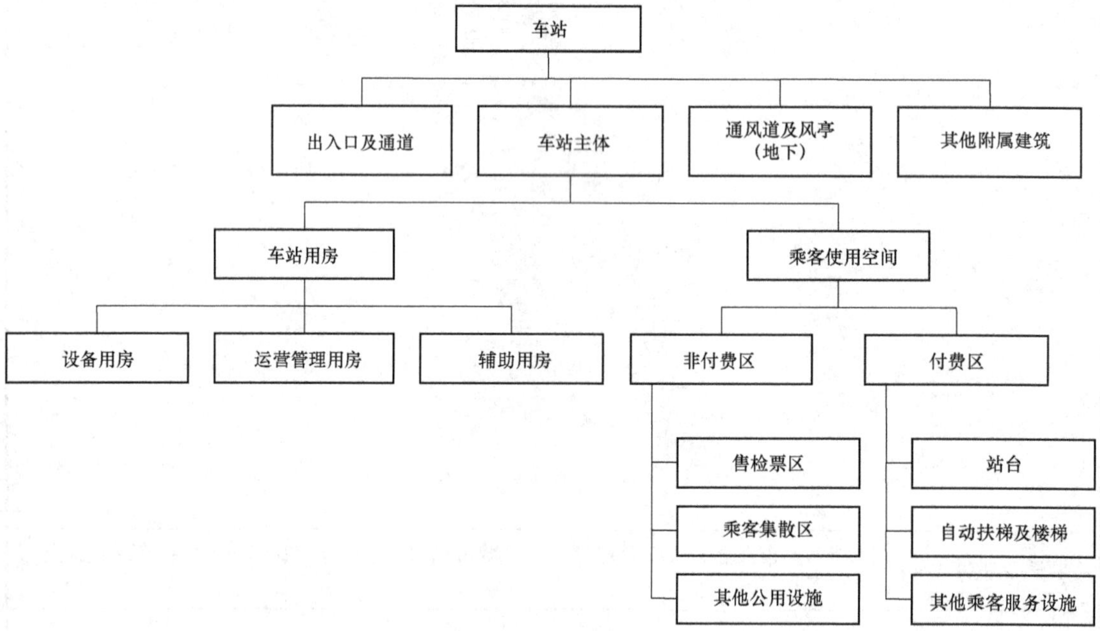

图 2–1　车站主体功能

1）车站用房

车站用房是车站管理和服务人员办公、休息的主要场所。车站用房的建筑主要包括运营管理用房、设备用房和辅助用房。

（1）运营管理用房。

车站运营管理用房是车站运营管理人员使用的办公用房，是直接或间接为列车运行和乘客服务的，主要包括车站控制室、票务室、站长室、会议室和公安保卫室等。

（2）设备用房。

设备用房是为保证列车正常运行、保证车站内良好环境条件和在事故灾害情况下保障乘客安全所设，它直接或间接保障列车正常运行以及为乘客提供服务，可分为弱电设备房和强电设备房。

技术设备用房是整个车站运营的心脏所在，由于这些用房与乘客没有直接关系，所以一般布设在离乘客较远的地方。此类房间多用于摆放系统设备，工作人员并不长时间停留。

（3）辅助用房。

辅助用房是为保证车站内部工作人员正常生活所设，是直接供站内工作人员使用的，主要包括卫生间、茶水间、更衣室、休息室等。这些用房均设在站内工作人员使用的区域内。

车站用房应根据运营管理需要设置，在不同车站配置必要房间，尽可能地减少用房面积，以降低车站投资。

2）乘客使用空间

乘客使用空间是直接为乘客服务的场所，可分为非付费区和付费区。

（1）非付费区是乘客购票并正式进入车站前的活动区域。它一般应有较宽敞的空间，站厅非付费区设置售票、咨询、商业、公用电话、银行自动取款机等设施，可为乘客提供售检票、咨询、商业等服务。

（2）付费区是乘客进入进站闸机之后上车之前活动的区域。一般包括站台、楼梯、自动扶梯、垂直电梯和候车座椅等设施。

2. 出入口及通道

车站出入口的主要作用在于吸引和疏散客流，车站出入口位置都在轨道交通沿线主要街道的交叉路口或广场附近，应尽量扩大服务半径，方便乘客。车站出入口布置应与主客流的方向一致，宜与过街天桥、过街地道、地下街、邻近公共建筑物相结合或连通，统一规划、同步或分期实施。

3. 通风道及风亭

通风道及风亭是为了满足地下车站通风要求而设置的。由于地下车站四周封闭，空气不流通，客流量大，机电设备多，站内湿度较大，空气较为污浊。为了及时排除车站内的污浊空气，给乘客创造一个舒适的乘车环境，需在车站内设置通风与空调系统。

风亭具有将地面的新鲜空气送入地铁内的作用；冷却塔的作用则是将带有废热的冷却水在塔内与空气进行热交换，使废热传输给空气并散入大气。风亭的位置应根据周边环境及城市规划要求进行合理布置。

2.3.2　城市轨道交通车站客运实施设备布局

1. 站厅层和站台层布局

根据车站需要布置设备或管理用房区。车站站房内站厅和站台层各类设施的设置应以合理组织各种流线、力求减少乘客的走行距离、方便乘客办理各种旅行手续以及经济合理、节约用地为原则。

站厅是指车站内供乘客购票、检票、换乘的区域。站台层主要是供列车停靠、乘客候车及乘降车的区域。站台一般应布置在平直线段上。

车站站厅及站台层设施主要包括车站用房、通道、乘客活动区域及服务设施，以及其他附属设施。站台层设施布局需以车站上下行远期超高峰小时设计客流量来计算站台宽度，根据线路走向及换乘要求确定站台型式。

2. 出入口和通道布局

城市轨道交通乘客中存在乘轮椅者、拄盲杖者以及使用助行器者等行动不方便的乘客，城市轨道交通企业应当针对这些乘客的特点，制定相应的服务规范，为这些乘客提供便捷的服务。

3. 其他设施设备布局

城市轨道交通车站的相关设备还包括各种环控设备、监视设备、公用电话等。

评价与分析

班级		姓名		所在小组		
序号	评价要点	配分	得分	自我评价（20%）	组长评价（30%）	教师评价（50%）
1	课前任务完成情况	10				
2	课堂知识掌握程度	20				
3	小组任务完成情况	40				
4	小组合作配合情况	20				
5	课后任务完成情况	10				
总分						
学习小结						

项目 3　城市轨道交通车站技术设备

建议学时

24 学时。

学习地点

一体化实训中心。

任务 3.1　城市轨道交通车站行车设备

布置任务

1. 掌握城市轨道交通线路的分类；
2. 掌握城市轨道交通的轨道。

建议学时

8 学时。

人员分工

小组分工表

小组名称		组内分工
组长		
组员 1		
组员 2		
组员 3		
组员 4		
组员 5		
组员 6		

学习任务单

小组学习任务单

小组名称	
组员	
学习任务 1	绘制城市轨道交通中的渡线结构图
学习任务 2	绘制城市轨道交通的轨道组成结构图
学习任务 3	拍摄本市轨道交通正线、辅助线图片 5 张

相关资料

3.1.1 城市轨道交通线路的分类

城市轨道交通线路通常由路基、桥隧建筑物和轨道三部分组成。它既可以铺设在隧道内，也可以铺设在地面和高架桥上，以供列车运行。城市轨道交通线路是保障列车运行的重要设备，按其在运营中的作用，可以分为正线、辅助线和车场线。

1. 正线

正线是连接车站并贯穿或直股伸入车站的线路，包括区间正线和车站正线。其中，车站两端墙间内线路称为车站正线，连接两相邻车站的线路称为区间正线。城市轨道交通正线一般按照双线设置，多数为全封闭线路，与其他线路相交处，一般采用立体交叉。

2. 辅助线

辅助线是指为列车提供折返、停放、检查、转线及出入段作业所提供的线路，包括渡线、折返线、停车线、车辆段出入线、联络线等。

1）渡线

渡线是由两个单开道岔组成的连接两条平行线路的连接设备。它通过一组联动道岔的转动来达到转线目的，进行手摇道岔时，需要逐个确认逐个摇动。渡线单独设置时，用来临时折返列车，增加运营列车调度的灵活性；在与其他辅助线配合使用时，能完成或加强其他辅助线的功能。

2）折返线

折返线是指在线路两端终点站或中间站设置的专供改变列车运行方向的线路。

3）停车线

停车线一般设置在终点站，主要用于列车的停放。城市轨道交通线路由于运输量大，列车间隔一般较密，在运营过程中列车可能发生故障，为了不影响后续列车运行。应使故障列车及时退出运营正线，因此每隔 3～5 个车站加设渡线或车辆停放线。另外，在有些车站，停车线也是加快终点站列车折返的重要线路之一。

4）车辆段出入线

出入线是指从车辆段到运营正线之间的连接线。车辆段出入线可设计成双线或单线，平交或立体交叉。

5）联络线

联络线是指连接两条独立运营的线路。合理地确定联络线，能够在线网建成后机动灵活地调用线网中各线的车辆，使线网形成有机整体。

3. 车场线

车场线是指车辆基地（车辆段）内的各种作业线，具体包括以下几种。

1）检修线

检修线是指设置在车辆基地检修库内，专门用于检修车辆的作业线，配有地沟和架车设备。

2）试验线

试验线是指设置在车辆基地，用于对检修完毕的车辆进行运行状态检测的线路。

3）洗车线

洗车线是指用于清洗车辆的作业线。

3.1.2 城市轨道交通的轨道

轨道是城市轨道交通系统的重要组成部分。它作为一个整体结构，铺设在路基之上，起到引导列车运行和承受列车荷载的作用。轨道主要由钢轨、扣件、轨枕、道床、道岔及其他附属设备组成。

1. 钢轨

钢轨直接承受地铁列车荷载并通过扣件、轨枕、道床传递至路基。由于地铁运量大，钢轨磨耗快，地铁正线一般都采用 60 kg/m 的重轨，车辆段、车场一般采用 50 kg/m 的次重轨。

2. 扣件

扣件是指用于连接钢轨与轨枕的零件。它主要是将钢轨固定在轨枕上，保持轨距并阻止钢轨的横、纵向移动，并且能够起到减振作用。扣件的种类很多，可以根据不同的轨道线路状况选择不同类型的扣件，以适应线路的减振需求。

3. 轨枕

轨枕是指承垫于钢轨之下，用来支承、固定钢轨，并且将钢轨承受的压力和应力传递到道床之上的部件。目前，城市轨道交通系统主要采用木枕和钢筋混凝土轨枕。

4. 道床

道床是指轨枕之下、路基之上的部分。道床主要起支撑轨枕，把轨枕上部的巨大荷载均匀分布到路基上的作用。在隧道内一般采用长轨枕式钢筋混凝土整体道床，在地面一般采用国铁定型的预应力混凝土轨枕碎石道床。

5. 道岔

道岔是一种使列车车辆由一股道转入另一股道的线路连接设备，通常在重点车站、车辆段（车厂）、停车场大量使用。道岔的种类很多，一般有单开道岔、双开道岔、三开道岔、复式交分道岔等。

6. 其他附属设备

其他附属设备包括在轨道交通系统中起着加固、连接和防护作用的设备，如防爬设备、轨距拉杆、轨撑、防脱护轨和车挡等。

评价与分析

班级		姓名		所在小组		
序号	评价要点	配分	得分	自我评价（20%）	组长评价（30%）	教师评价（50%）
1	课前任务完成情况	10				
2	课堂知识掌握程度	20				
3	小组任务完成情况	40				
4	小组合作配合情况	20				
5	课后任务完成情况	10				
总分						
学习小结						

任务 3.2　安全门系统

布置任务

1. 了解城市轨道交通安全门的分类；
2. 理解城市轨道交通安全门的作用；
3. 掌握安全门系统的构造。

建议学时

8 学时。

人员分工

小组分工表

小组名称		组内分工
组长		
组员 1		
组员 2		
组员 3		
组员 4		
组员 5		
组员 6		

学习任务单

小组学习任务单

小组名称	
组员	
学习任务 1	绘制城市轨道交通安全门门体结构图
学习任务 2	某城市轨道交通 1 号线 A 车站，屏蔽的一个滑动门发生关门故障，请模拟现场站务人员，向值班员进行汇报
学习任务 3	某城市轨道交通 1 号线 A 车站，屏蔽的一个滑动门发生卡开门故障，请模拟现场站务人员，向值班员进行汇报

相关资料

安全门是指安装在站台边缘将列车运行区域与站台候车区域隔离的门体系统。安全门作为城市轨道交通的新型设备，由于其良好的节能效果和对乘客的安全舒适保障，越来越得到相关建设部门的认同。

3.2.1 安全门系统概述

早在20纪60年代，在列宁格勒（现俄罗斯圣彼得堡）地铁系统中已采用类似安全门的钢门来保证乘客的安全。随后法国自动捷运系统的里尔地铁生产商马特拉公司于1983年为列车月台特别定制自动滑门，成为世界上最早安装玻璃安全门的铁路系统。其后。欧洲及亚洲多个地区的铁路系统相继采用安全门，成为当时铁路系统的安全标准之一。

我国内地最早安装安全门系统的是广州地铁2号线，随后北京、上海、天津、深圳等城市的地铁也安装了地铁安全门。

3.2.2 安全门系统的分类

从目前各国设置的安全门类型来看，主要有封闭型和半封闭型两种。

1. 封闭型安全门

封闭型安全门是一道自上而下的玻璃隔墙和活动门，沿着车站站台边缘和两端头设置，把站台候车区与列车进站停靠区分隔开，是具有密封性能的安全门。这种类型的安全门也称屏蔽门，多用于地下车站，主要功能是增加车站站台的安全性、降低能耗以及加强环境保护。

2. 半封闭型安全门

半封闭型安全门是一道不封顶的玻璃隔墙和活动门，有全高和半高两种形式。

（1）全高半封闭型安全门的门体高度超过人体高度，门体顶部距离站厅顶部有一段不封闭空间，不具有密封性能，一般用于地下车站。与封闭型安全门相比，两者的结构形式基本相同，只是全高半封闭型安全门的上部不封闭。

（2）半高半封闭型安全门的门体高度不超过人体高度，不具有密封性能，一般用于地面车站和高架车站。

3.2.3 安全门的作用

安全门作为站台公共区域与轨道列车之间的可控通道，能够在列车进站时配合列车车门动作打开和关闭，为乘客提供上、下车的通道，其主要作用如下。

（1）防止乘客或物品因车站客流拥挤或其他原因落入轨道，从而杜绝因此引发的事故、延迟运营与额外成本，保证列车的正常运营，为城市轨道交通实现无人驾驶创造条件。

（2）减少列车运行噪声及活塞风对站台候车乘客的影响，改善乘客候车环境。

（3）更好地管理乘客，避免非工作人员进入隧道。

（4）减少站台区与轨道区之间气流的交换，降低空调系统的运营能耗。

（5）对车站整体空间布置进行简化减少设备容量数，产生良好的社会效益和经济效益。

3.2.4　安全门系统的构造

安全门系统由机械部分和电气部分构成。机械部分主要包括门体结构和门机系统；电气部分包括控制系统和电源系统。

门体结构主要由顶箱、门状态指示灯、立柱、踢脚板、门槛、门本体等部分组成，其中门本体结构是机械结构中最重要的部分，一般可分为固定门、滑动门、应急门和端门。

1. 固定门

固定门设在双扇滑动门之间。根据滑动门的间距，在满足门本体结构强度刚度的前提下，一般采用整体固定门。

2. 滑动门

滑动门是指在列车进站时可以和车门同时开/关的门。其数量应与列车客室车门数量一致，并具有障碍物探测功能。正常情况下，滑动门的开/关应由门机总承的驱动机构操作，由门控单元控制。滑动门上设有手动开门扳手，紧急情况下轨行区侧的乘客可操作设置在门扇上的把手手动开门，工作人员可从站台侧使用专门钥匙解锁开门。

3. 应急门

应急门是在紧急情况下供乘客逃生的门。一般来说，每节列车车厢都对应有一道应急门，在紧急情况下乘客能在轨行区侧手动打开逃生。应急门上设置的推杆可以将门扇推向站台方向旋转 90° 平开。

4. 端门

端门位于站台的两个端头，将乘客区与设备区分开。正常情况下由列车司机或车站工作人员手动打开。端门在轨行区侧设有手动开门推杆，在站台侧设有门锁和隐蔽的开门机构。

评价与分析

班级		姓名		所在小组		
序号	评价要点	配分	得分	自我评价（20%）	组长评价（30%）	教师评价（50%）
1	课前任务完成情况	10				
2	课堂知识掌握程度	20				
3	小组任务完成情况	40				
4	小组合作配合情况	20				
5	课后任务完成情况	10				
总分						
学习小结						

任务 3.3　火灾报警系统

布置任务

1. 了解火灾的分类；
2. 掌握火灾报警系统（FAS）的构成。

建议学时

8 学时。

人员分工

小组分工表

小组名称		组内分工
组长		
组员 1		
组员 2		
组员 3		
组员 4		
组员 5		
组员 6		

学习任务单

小组学习任务单

小组名称	
组员	
学习任务 1	2023 年×月×日，某城市轨道交通车站 A 车站发生火灾，烧死 10 人，重伤 12 人，受灾 35 户以上，直接经济损失 40 万元。模拟城市轨道交通管理者，请为此次火灾事故写一份事故调查报告
学习任务 2	实地考察所在城市的某车站，绘制火灾报警系统（FAS）的构成图

相关资料

火灾报警系统（FAS）是城市轨道交通重要的安全设施之一，对地铁消防起到至关重要的作用。

3.3.1 火灾报警系统（FAS）概述

1. 地铁火灾燃烧三要素

物体燃烧需要具备一定的条件，在地铁消防中，只要控制好燃烧条件，就可以限制火灾发展或预防火灾事故发生。燃烧必须同时具备三个条件：可燃物、助燃物和点火源。

1）可燃物

可燃物是指可燃物质。不论固体、液体或气体，凡是能与空气中的氧或其他氧化剂发生剧烈反应的物质，均可称为可燃物质，如碳、氢、硫、钾、木材、纸张、汽油、乙醇等。

2）助燃物

助燃物是指帮助可燃物燃烧的物质，如空气、氧气、氯气等。

3）点火源

点火源是指能引起可燃物质燃烧的能源。如明火焰、烟火头、电（气）焊火花、炽热物体、自燃发热物等。

2. 火灾的分类

（1）根据物质燃烧特性，火灾可以分为 A 类火灾、B 类火灾、C 类火灾、D 类火灾和带电火灾。A 类火灾指含碳固体可燃物，如木材、棉、毛、麻、纸张等燃烧引起的火灾；B 类火灾是指甲、乙、丙类易燃液体，如汽油、煤油、柴油、甲醇、乙醚、丙酮等燃烧引起的火灾；C 类火灾是指可燃气体，如液化石油气、煤气、天然气、甲烷、氢气等燃烧引起的火灾；D 类火灾是指可燃金属，如钾、钠、镁、合金等燃烧引起的火灾；带电火灾是指带电物体燃烧引起的火灾。

（2）根据一次火灾事故所造成的人员伤亡、受灾用户数和财产直接损失金额，火灾又可以划分为特大火灾、重大火灾和一般火灾三类。

特大火灾是指烧死 10 人以上，重伤 20 人以上，或死亡、重伤 20 人以上，受灾 50 户，直接经济损失 100 万元的火灾。重大火灾是指烧死 3 人以上，重伤 10 人以上，或死亡、重伤 10 人以上，受灾 30 户以上，直接经济损失 30 万元以上的火灾。不具备以上两项情形的火灾，为一般火灾。

3. 地铁火灾的特性

火灾会产生大量的烟、有毒气体、有毒物质和热辐射。地铁客流量大、设备集中，车站大多为地下车站，这给火灾的扑救带来了很大的难度。具体有以下三个特性。

1）排烟困难、散热慢

根据国内外统计资料，因地铁火灾造成的人员伤亡，绝大多数是因烟雾中的有毒气体熏倒、中毒或窒息所致。所以，有效地排烟已成为地铁火灾救援的重要措施。因为地铁大多为地下车站，无法通过开启门窗进行散热和排烟。由于烟的迅速聚集，有限的人员出入口会变成“烟筒”，热烟运动方向与人员疏散方向一致，而通常烟的扩散速度比人群疏散速度快得多，致使乘客无法摆脱烟气流危害。

2）安全疏散困难

发生火灾时，各种可燃物质燃烧时会产生大量烟气和有毒气体（如一氧化碳、二氧化碳及其他有毒气体），不仅严重遮挡视线，使能见度大大降低，还会使人中毒、窒息。由于车站站内结构复杂多样，乘客疏散距离长，路径复杂，再加上乘客逃生意识差、人员拥挤等，使得地铁内火灾疏散变得更加困难。

3）扑救困难、危害大

如果在地下车站发生火灾后，只能看见浓烟从出口冒出，无法确切知道火灾究竟发生在哪一个区域，消防人员对火灾大小程度无法判断，再加上车站结构复杂，不易接近着火点，因此造成扑救困难。

3.3.2 火灾报警系统（FAS）的构成

城市轨道交通的 FAS 系统，主要由火灾探测设备、手动报警设备、火灾报警控制器、消防及控制设备、气体灭火系统组成。

1. 火灾探测设备

火灾探测设备是指可以根据火灾参数触发火灾报警信号的设备。火灾探测设备分布在站厅、站台、一般设备用房和管理用房等处所，对保护区域进行火灾监视。

2. 手动报警设备

手动报警设备主要包括手动报警按钮、消火栓报警开关和消防电话等。在站厅层、站台层、出入口通道和设备区等区域均设有手动报警按钮。报警区域内每个防火分区，至少设有一只手动报警按钮。从一个防火分区内的任何位置到最邻近的一个手动报警按钮的步行距离，不大于 30 m。在上述区域内，若设有消火栓箱，则手动报警按钮一般安装在靠近消火栓箱处，明显可见。

3. 火灾报警控制器

火灾报警控制器是火灾报警系统的指挥中心，它可以接收火灾探测器、手动报警按钮的报警信号，并将其转换为声光报警信号，提示报警部位，记录报警信息。火灾报警控制器设在车站控制室内，一般有“手动”和“联动”两个挡位。

4. 消防及控制设备

消防及控制设备主要包括消火栓系统、灭火器、防火卷帘、防火门、防烟排烟系统和空调通风系统等。

5. 气体灭火系统

气体灭火系统是指平时灭火剂以液体、液化气体状态存贮于压力容器内，灭火时以气体（包括蒸气、气雾）状态喷射作为灭火介质的灭火系统。

评价与分析

班级		姓名		所在小组		
序号	评价要点	配分	得分	自我评价（20%）	组长评价（30%）	教师评价（50%）
1	课前任务完成情况	10				
2	课堂知识掌握程度	20				
3	小组任务完成情况	40				
4	小组合作配合情况	20				
5	课后任务完成情况	10				
总分						
学习小结						

项目 4　城市轨道交通自动售检票系统

建议学时

32 学时。

学习地点

一体化实训中心。

任务 4.1 城市轨道交通自动售检票系统概述

布置任务

1. 了解城市轨道交通自动售检票系统定义；
2. 理解城市轨道交通 AFC 系统的优点；
3. 了解国内外城市轨道交通 AFC 系统现状。

建议学时

8 学时。

人员分工

小组分工表

小组名称		组内分工
组长		
组员 1		
组员 2		
组员 3		
组员 4		
组员 5		
组员 6		

学习任务单

小组学习任务单

小组名称	
组员	
学习任务 1	2023 年，某市轨道交通运营管理公司要进行 AFC 系统的升级改造，但有部分管理人员提出反对意见，针对这种情况，请你结合本部分所学内容进行一次发言，谈谈 AFC 系统的重要性，阐述你的观点
学习任务 2	作为北京市城市轨道交通行业负责人，请介绍本市城市轨道交通 AFC 系统的情况
学习任务 3	作为上海市城市轨道交通行业负责人，请介绍本市城市轨道交通 AFC 系统的情况
学习任务 4	查阅资料，结合所学内容，对比分析巴黎地铁和东京地铁城市轨道交通发展情况（重点分析 AFC 系统发展情况）

相关资料

4.1.1　城市轨道交通自动售检票系统定义

自动化售检票系统，简称 AFC 系统，是运用计算机、统计、财务等专业知识来实现轨道交通的售票、检票、计费、收费、统计、清分结算和运行管理等全过程的自动化系统。

4.1.2　AFC 系统的优点

城市轨道交通 AFC 系统的使用，使得城市轨道交通行业的社会形象和服务区域形象有了大幅度提升；有利于提高运营管理水平，保障票务收益水平；有利于管理责任落实，保证交易数据和票务信息的安全；有利于简化操作，方便出行，提高乘客的出行效率；有利于提供准确的客流及票务统计分析数据；有利于减少现金交易、人工记账及统计工作，提高准确率和效率。

4.1.3　国内外城市轨道交通 AFC 系统现状

1. 北京城市轨道交通 AFC 系统

在 2003 年 12 月 31 日，北京第 1 套单线自动售检票系统在地铁 13 号线投入使用。2008 年 6 月 9 日，北京城市轨道交通路网 AFC 系统投入使用，真正意义上实现了“一卡通行、一票通行”和无障碍换乘。到目前为止，北京市的城市轨道交通 AFC 设备进一步更新，整个城市轨道交通的服务水平有了进一步提升。

2. 上海城市轨道交通 AFC 系统

1999 年 3 月，上海地铁 1 号线采用美国 CUBIC 公司磁卡自动售检票系统，采用循环使用的卡型树脂磁票。2005 年 12 月建立了上海新标准的自动售检票网络化系统，完成了对原来的地铁 1，2，3 号线系统的改造，建立了 4、5 号线自动售检票系统，设立路网清分中心，负责进行票卡发行、数据汇集处理。

3. 广州城市轨道交通 AFC 系统

广州市地铁 1 号线采用美国 CUBIC 公司的磁卡自动售检票系统，并于 1999 年初全线投入使用。广州地铁 1、2、3、4 号线均采用计程、计时票价制，使用非接触 IC 卡车票实现换乘。广州地铁车票分为地铁单程票、储值票（含普通储值票、中小学生储值票和老年人储值票）、老年人免费票、纪念票、羊城通交通卡。

4. 香港城市轨道交通 AFC 系统

香港地铁（MTR）始建于 1975 年，1979 年首条线路开通运营，并采用了自动售检票系统。香港地铁中与售检票系统相关的工作包括自动售检票系统、收益管理、电子工厂和自动售检票系统训练中心四个部分。香港地铁自动售检票系统使用的单程票是磁卡，储值票采用非接触式 IC 卡，即八达通卡，八达通卡的使用比例在香港地铁超过 85%。

5. 巴黎城市轨道交通 AFC 系统

巴黎地铁 1900 年建成通车，一百多年来巴黎地铁将整个路网划分为几个区域，在城市中心区的几个区域里采用自动售检票系统。车票媒介为小型纸质磁卡，有“本票”(十张票)、日票、两日票、三日票、五日票、周票、月票或年票等多种车票类别。单程票采用计时单一票价，车票的有效时间为 45 min，跨区域需要重新购票。

6. 东京城市轨道交通 AFC 系统

东京的地铁由两家公司负责经营、维护和技术管理，分别为营团地铁和都营地铁，运营管理 12 条地铁线路、地铁长度为 286 km，每天的运送能力为 740 万人次左右。东京地铁自动售检票系统内采用的票种多，东京轨道交通的票制为磁卡票。票种有单程票、一日票、月票、多次票和 SF 储值票等。东京地铁自动售检票系统由 PASSNET 联盟制定各公司之间的票务清分原则。

评价与分析

班级		姓名		所在小组		
序号	评价要点	配分	得分	自我评价（20%）	组长评价（30%）	教师评价（50%）
1	课前任务完成情况	10				
2	课堂知识掌握程度	20				
3	小组任务完成情况	40				
4	小组合作配合情况	20				
5	课后任务完成情况	10				
总分						
学习小结						

任务 4.2　城市轨道交通 AFC 系统组成结构

布置任务

1. 掌握城市轨道交通 AFC 系统架构；
2. 了解北京市城市轨道交通 AFC 系统架构；
3. 了解香港城市轨道交通 AFC 系统架构。

建议学时

8 学时。

人员分工

小组分工表

小组名称		组内分工
组长		
组员 1		
组员 2		
组员 3		
组员 4		
组员 5		
组员 6		

学习任务单

小组学习任务单

小组名称	
组员	
学习任务 1	绘制所在城市轨道交通 AFC 系统架构图
学习任务 2	小组讨论：对比分析北京市、香港城市轨道交通 AFC 系统架构的优势和劣势

相关资料

4.2.1 城市轨道交通 AFC 系统架构

在多线路组成的城市轨道交通网络中，根据投资主体、运营管理、换乘方式、轨道交通线网的构成方式以及票务处理、票务分析和票务结算系统的需求，实现自动售检票系统的基本结构。根据不同的需求，AFC 系统架构可分为线路式架构、分散式架构、区域式架构、分级集中式架构等四种。

城市轨道交通的 AFC 系统通常采用分级集中式架构，即以一条线路作为控制对象进行系统设置，针对每一条线路设置一套 AFC 控制系统，整个线网设置一个路网中心，路网中心负责获取全路网交易数据，确定各线路的换乘结算方式和数据公共接口，除对各线路自己的运营票款进行结算外，还对跨线交易数据进行实时清分。

4.2.2 北京市城市轨道交通 AFC 系统架构

目前，北京城市轨道交通路网自动售检票系统在真正意义上实现了“一卡通行、一票通行”和现有 16 条线路之间的无障碍换乘(除机场线外)。系统单程票为可回收使用的轻薄型 IC 持乘使用一卡通储值卡。

4.2.3 香港城市轨道交通 AFC 系统架构

香港地铁是世界公认设备完善、自动化程度高、管理较好的地铁，它的自动售检票设备由自动售票机、自动检票机、补票机和磁性车票、车站和中央计算机等组成，集计算机、自动控制、光电技术等高新技术于一身。香港地铁自动售检票系统由中央结算中心和公司或车站组成，中央结算中心采用大型分布式数据库。终端设备的交易数据首先进入本公司或车站的数据库，然后传输到中央数据库，在中央数据库进行数据结算处理。

香港自动售检票系统的交易处理过程分为下列四个层次。

（1）用户界面。该层次包括置于各个地方的非接触式智能卡处理器和充值设备。在香港的公交车、火车站及渡轮码头共安装了 7 000 多部八达通读卡机。

（2）本地数据处理器。本地数据处理器用于收集和控制处理数据。地下铁路公司在每个地铁站均配置了一台或多台工作站，用于收集和报告来自处理器控制的闸机和充值设备的数据。通过这个由 50 多台工作站组成的本地数据处理器网络，地下铁路公司可以直接访问实时信息，了解每个地铁站的八达通设备情况。

（3）服务提供商中央计算机。服务提供商中央计算机将单个服务提供商分布在各个服务点的所有交易数据进行合并，并上传至服务提供商中央计算机数据库，以便传送给中央清算系统。

（4）中央清算系统。中央清算系统接收每个服务提供商的所有交易数据，然后对交易数据进行清算并将结果发回给每个服务提供商。中央清算系统提供各种统计报表。

评价与分析

班级		姓名		所在小组		
序号	评价要点	配分	得分	自我评价（20%）	组长评价（30%）	教师评价（50%）
1	课前任务完成情况	10				
2	课堂知识掌握程度	20				
3	小组任务完成情况	40				
4	小组合作配合情况	20				
5	课后任务完成情况	10				
总分						
学习小结						

任务 4.3　城市轨道交通票卡使用与管理

布置任务

1. 了解非接触式 IC 卡的定义；
2. 理解非接触式 IC 卡的优点；
3. 掌握非接触式 IC 卡的分类。

建议学时

8 学时。

人员分工

小组分工表

小组名称		组内分工
组长		
组员 1		
组员 2		
组员 3		
组员 4		
组员 5		
组员 6		

学习任务单

小组学习任务单

小组名称	
组员	
学习任务 1	收集本城市的城市轨道交通不同票卡的图片
学习任务 2	为你所在城市的轨道交通票卡设计票卡使用图案
学习任务 3	收集国内其他城市轨道交通票卡的图片
学习任务 4	收集国外城市轨道交通票卡的图片

相关资料

4.3.1 票卡使用与管理概述

票卡是整个城市轨道交通自动售检票系统的信息源头。票卡信息的正确、有效能确保系统的正常运行；另外，票卡是有价凭证，代表资金的流动，票卡管理不善，将会造成经济损失。在历史上曾出现很多次票卡造假、串换资金等违法行为，既有系统外的不法行为，也有内部人员的舞弊行为，因此，必须从资金管理的角度看待票卡管理。

常由专门的机构（可以是运营单位也可以委托专门单位）对票卡的发行、发售、使用、票务处理等全程进行管理。该机构通过对票卡进行初始化，使得票卡成为在系统内可使用的媒介，同时也负责车票的赋值发售、使用管理、进/出站处理、更新、加值、退换、回收、监督管理、注销及黑名单等规范流程的管理。

4.3.2 非接触式 IC 卡定义

非接触式 IC 卡又称射频卡，它将一个射频接口电路和感应天线集成到原有 IC 卡芯片中，并封装到塑料材质内，使芯片及天线无任何外露部分。它成功地将射频识别技术和 IC 卡技术结合起来，通过无线方式传输能量和数据，解决了无源（卡中无电源）和免接触的难题，是电子器件领域的一大突破，是世界上近几年发展起来的一项新技术。

非接触式 IC 卡在一定距离范围（通常为 5～10 mm）靠近读写器的天线表面，通过无线电波的传递来完成数据的读写操作。非接触式 IC 卡本身是无电源的，当读写器对卡进行读写操作时，读写器发出的信号由两部分叠加组成：一部分是电源信号，该信号被卡线圈接收后，通过有关电路产生一个瞬间能量供给芯片工作；另一部分则是指令和数据信号，指挥芯片完成数据的读取、修改、储存等，并将信号返回给读写器。

非接触式 IC 卡内部分为系统区（CDF）、用户区（ADF）两部分。系统区是供卡片制造商、系统开发商和发卡机构使用的区域，而用户区则用于存放持卡人的有关数据信息。

由非接触式 IC 卡所形成的读写系统，无论是硬件结构，还是操作过程都得到了很大的简化，同时借助于先进的管理软件，可脱机进行操作，使得数据读写过程更为简单。

4.3.3 非接触式 IC 卡的优点

非接触式 IC 卡具有以下优点：①存储容量大；②安全性高；③应用范围广（一卡多用）；④对网络要求低；⑤可靠性更高；⑥可并行读写操作处理。

由于非接触式 IC 卡的这些优点，使得它特别适用于城市轨道交通自动售检票系统和电子钱包等应用环境。随着制造成本的降低、封装形式的多样化，其应用范围也越来越广。

4.3.4 非接触式 IC 卡的分类

根据非接触式 IC 卡操作时与读写器发射表面距离的不同，定义了三种卡以及相应的读写器，即 CICC、PICC、VICC。

4.3.5 非接触式 IC 卡实现技术

1. 射频技术

非接触式 IC 卡是先进的射频技术和 IC 卡技术相结合的产物，在设计上要解决电源、天线和干扰等问题。IC 卡需无源设计，由读写器向射频卡发一组固定频率的电磁波，通过卡内电路产生芯片工作所需的直流电压；卡内需埋装有经特殊设计的天线；须保证有良好的抗干扰性能，而且还要设有“防冲突”电路。

2. 低功耗技术

无论是按有源方式还是按无源方式设计的非接触式 IC 卡，一个最基本的要求是都需要降低功耗，以提高卡片的寿命和扩大应用场合。可以说降低功耗和保证一定的距离是同等重要的。因此，卡内芯片一般都采用非常苛刻的低功耗工艺和有关技术，如电路设计中采用“休眠模式”技术进行设计制造。

3. 封装技术

由于非接触式 IC 卡中需要埋装天线、芯片和其他特殊部件，为确保卡片的大小、厚度、柔韧性和高温、高压工艺中芯片电路的安全性，需要特殊的封装技术和专门设备。

4. 安全技术

除了卡的通信安全技术，还要与卡用芯片的物理安全技术和卡片制造的安全技术相结合，以构成强大的安全体系。

评价与分析

班级		姓名		所在小组		
序号	评价要点	配分	得分	自我评价（20%）	组长评价（30%）	教师评价（50%）
1	课前任务完成情况	10				
2	课堂知识掌握程度	20				
3	小组任务完成情况	40				
4	小组合作配合情况	20				
5	课后任务完成情况	10				
总分						
学习小结						

任务 4.4　AFC 系统终端设备及其构造

布置任务

1. 掌握半自动售票机的功能和构造；
2. 掌握自动售票机的功能和构造；
3. 掌握自动检票机的功能和构造。

建议学时

8 学时。

人员分工

小组分工表

小组名称		组内分工
组长		
组员 1		
组员 2		
组员 3		
组员 4		
组员 5		
组员 6		

学习任务单

小组学习任务单

小组名称	
组员	
学习任务 1	请以小组为单位，模拟利用自动售票机，完成运营当日钱款工作（包括钱款回收及结算）
学习任务 2	模拟利用半自动售票机，完成乘客购票操作（从 A 车站到 B 车站）
学习任务 3	模拟利用自动检票机，完成运营当日车票回收工作

相关资料

4.4.1　半自动售票机

半自动售票机由票务人员操作，应能处理地铁车票和城市交通一卡通车票。操作员可使用半自动售票机完成现场人工辅助发售和对车票进行分析、充值、退款、交易查询等处理。通过半自动售票机，可对发售预赋值车票进行记录，对票务管理/行政收款进行记录。

1. 半自动售票机的功能

半自动售票机是在车站中以人工方式为乘客提供服务的售/补票设备，放置于车站售票和补票室内。半自动售票机的主要功能包括售票、补票、充值、更新、替换、退票、车票挂失、车票分析、车票处理、车票查询、收益管理、设备操作等。

半自动售票机与车站自动售检票系统相连，可以接受车站自动售检票系统下达的各种参数及指令，同时向车站自动售检票系统以及线路自动售检票系统传送各类数据。接受车站自动售检票系统的控制指令，上传所处理的各种交易数据。与车站自动售检票系统进行对账处理。

2. 半自动售票机的结构

半自动售票机主要由主控单元、车票发售模块、操作员触摸屏显示器、乘客显示器、桌面 IC 卡读写器、票据打印机等部分组成。此外，还可以根据需要配置触摸屏、车票处理装置、钱箱等部件。

主控单元由主控单元和电源模块组成，一般选用高可靠性的工业级计算机设备，也可以选用高档的商用计算机，需要具有丰富的外部接口以支持外部设备的连接，并需要保留部分接口以支持未来设备的扩展。

车票发售模块由对车票进行读写的车票读写器和用于发售车票的车票处理模块组成。车票发售模块可用来完成单程票的自动发售工作，以提高人工发售车票的速度和效率。在以自动售票机自助式售票为主的车站，半自动售票机的车票处理机构可以用来作为应急发售车票装置。

操作员触摸屏显示器为操作员提供人机对话的界面显示，带有红外触摸屏。

每套半自动售票机配置 1～2 个乘客显示器，分别安放在付费区、非付费区靠近窗口、方便乘客阅读的位置。

桌面 IC 卡读写器提供高级应用程序编程接口，支持对票卡片的读写操作。读写器有效读写距离为 10 cm，交易时间为 200～1 000 ms。

4.4.2　自动售票机

自动售票机（TVM）是用于现场自助发售、赋值有效车票，具备自动处理支付和找零功能的设备。自动售票机安装于车站非付费区，由乘客通过人机操作界面自助购买单程票。自动售票机可自动发售地铁车票及对城市交通一卡通进行充值。自动售票机具有模拟、显示线路的乘客显示屏和方便乘客操作的触摸屏，同时可显示票价和投币信息。

1. 自动售票机的功能

（1）接收乘客的购票选择，并在购票过程中给出提示信息及操作指导。

（2）接收乘客投入的现金（或其他付费介质）并自动完成识别；对无法识别的现金（或储值票、银行卡）予以退还；具有一次性出售多张同一票价车票的功能，其上限应可通过参数进行设置。

（3）计算乘客投入的现金数量及购票金额，自动找零。

（4）完成车票校验、赋值及出票。

（5）对本机各部件的工作状态进行自动监控。

（6）对本机接收的现金及维护操作进行管理。

（7）接收车站计算机系统下载的票价表、黑名单及其他参数和控制命令，执行相应的操作。

（8）存储并向车站计算机系统上传车票处理交易数据和设备运行状态信息。

2. 自动售票机的结构

1）自动售票机的正面结构

（1）机器状态显示屏。显示自动售票机状态，如正在售票、暂停服务等的装置。

（2）纸币投币口。在进行储值卡充值以及购买车票时投入纸币。

（3）乘客显示屏（触摸）。目的地选择、购票以及充值等所需的基本按键操作提示语句，并显示各种视频内容。

（4）储值卡投票口。在储值卡充值以及购买车票时投入储值卡。

（5）硬币投币口。在购买车票时投入硬币。

（6）乘客操作指南。显示购票步骤和储值卡充值步骤，提示操作者如何操作。

（7）取票口/取币口/退币口。于此处取走车票及钱币。

2）自动售票机的内部结构

（1）主控单元。主控单元是工业级计算机，负责运行控制软件，完成车票处理、显示、数据通信、状态监控等功能。主控单元是自动售票机的核心控制模块，由主控单元统一协调和控制各主要模块。

（2）车票处理单元。车票处理单元包括单程票处理模块、车票读写器及天线等。负责完成车票的读写和传送以及废票的回收处理。车票处理模块主要包括前票箱、后票箱、废票箱、控制面板、读写器等。

（3）纸币处理单元。纸币处理单元负责接收、识别暂存、回收购票纸币，是自动售票机的付费工具之一，是设备组成的重要部分。纸币处理单元主要由纸币传送部分、纸币检测器、数据模块、纸币箱支架等组成。

（4）硬币点币箱。硬币点币箱又称硬币找零钱箱，设有硬币找零漏斗，将点币箱插入支架后点币箱自动将硬币清点至相应硬币通道并在清点完毕（硬币清空）后将计数数字传至硬币模块。

（5）硬币回收箱。硬币回收箱是硬币处理单元附带的硬币回收系统，一般安装在硬币处理单元下方，该模块主要负责硬币的清算与回收工作。硬币箱具有双锁功能，只有当两把钥匙共同作用时才能打开钱箱。可防止更换钱箱的操作人员接触到钱币。硬币箱在移动过程中是完全封闭的，只有使用单独的钥匙时才可打开。当硬币箱从支架上取出时，硬币箱封门必须处于闭锁状态才可取出；在空硬币箱装入支架并锁住后，钱箱封门自动打开。

（6）硬币处理单元。硬币处理单元主要负责硬币的接收、识别、暂存、回收与找零工作，是自动售票机的付费与找零方案之一，也是核心模块之一。

（7）维护面板。维护面板安装在自动售票机内部，由小键盘、LCD 显示模块以及控制电路组成，可显示中英文及数字。维护面板帮助维护人员进行设备维护、故障诊断及参数设置等操作。通过维护面板可以对售票机各主要部件进行测试及对各检测点进行传感器检测。维护人员须通过操作键盘输入密码，正确登录后方可对维护面板进行操作。维护面板功能显示按照菜单化设计，可帮助操作员快速操作。维护面板具有 10 个功能键。维护面板在机器正常工作时，显示正常的代码；在出现故障时显示相应的故障代码。如果有多处故障，则循环显示其代码。对应故障代码可以很快找到故障处，有利于快速维修。

（8）打印机。自动打印运营结算票据和乘客储值卡充值信息。

（9）UPS 不间断电源。为设备提供后备电源，能确保设备断电后最后一笔交易完成。

4.4.3 自动检票机

自动检票机（AGM）安装于车站付费区与非付费区的交界处，用于实现自动进出站检票，因此又被称为闸机。凡持有效车票或乘车码的乘客进出站时，检票机通道阻挡解除（释放转杆或门扇开启），允许乘客进出站。

1. 自动检票机的分类

（1）按功能分类，可将自动检票机划分为进站检票机、出站检票机和双向检票机三种类型。只在非付费区安装车票读写器的检票机称为进站检票机，只在付费区安装车票读写器的检票机称为出站检票机。在非付费区和付费区均装有车票读写器的检票机称为双向检票机。双向检票机可以根据需要变换成进站检票机或者出站检票机。

（2）按通道宽度分类，可将自动检票机划分为普通检票机和宽通道检票机两种类型。宽通道检票机可供轮椅及携带大件行李的乘客通过。在城市轨道交通自动售检票系统中，一个通行通道由两台自动检票机组成，按照人体右手持票的习惯，一般将通行方向右侧的自动检票机设定为主机，对应将其左侧的自动检票机设定为从机。存在多个通道时，中间的自动检票机既是主机又是从机。

（3）按阻挡装置的类型分类，可将自动检票机划分为三杆式检票机和门式检票机两种类型。三杆式检票机，可以有效地避免多人进出检票机通道的问题，但是对于携带物体尤其是大型物体的乘客，在通过时会显得十分不便，且在客流高峰期很容易造成拥堵。因此，现在的轨道交通系统中更倾向于使用门式自动检票机。门式检票机又可分为扇门式检票机和拍打门式检票机。

2. 自动检票机的基本功能

对乘客所持的车票进行检验，并完成进站或出站的交易处理。单程票、储值票、手机钱包、乘车码等多种形式的车票，在计时计程的收费规则下，进入收费区时，检查车票的合法性并记录进入时的地点和时间；离开收费区时，检查车票的合法性、进站信息的合法性及在收费区域内的停留时间，并根据进入位置和离开位置计算本次旅程的费用，完成车票的回收和扣款操作。当乘客进出站检票时，会出现各种检票结果，检票机能给予不同的提示。同时设备还配备语音扬声器，可以提示乘客进行相关操作。检票机能够记录进出站客流记录，并且将记录信息上报车站计算机。当与车站计算机通信中断时，可以保存交易记录，当遇到紧急情况时，车站工作人员按下紧急按钮，检票机会自动打开扇门。

3. 检票机的结构

（1）主控单元。主控单元作为自动检票机的核心，向下负责控制协调外围下位机的工作，向上负责向车站计算机系统发送交易数据、寄存器数据和状态数据，同时接收车站计算机系统下发的参数、命令和软件，完成车票处理、数据处理、显示控制、数据通信、状态监控等功能。

（2）乘客显示器。乘客显示器用来实时显示交易信息、提示信息和欢迎信息。

（3）警示灯和语音扬声器。警示灯和语音扬声器对特殊车票的使用具有声光提示功能、如员工卡，敬老卡等优惠车票，对无效车票具有声光警告功能。语音提示功能可以选择开启或者关闭。

（4）读写器。读写器分为进站端读写器、出站端读写器，能够满足单程票、储值票、手机钱包、乘车码相关技术规范的要求。

（5）方向指示器。方向指示器分别安装在检票机两端的前面板上，用来指示该闸机的通道方向是允许或者禁止通行的状态，用绿色的 45° 箭头表示通行，用红色横线表示禁止通行，通行和禁止通行两种信息为互斥状态，不能同时显示。并在检票机运营模式发生切换时立即予以响应。

（6）车票回收模块。车票回收模块用于回收系统指定的单程车票。

（7）传感器门式检票机。传感器门式检票机安装有高可靠性的足够的红外传感器对乘客的通行情况进行监控，多组传感器的配合使用可以判断乘客通过方向、人数，并结合车票的检查结果，决定阻挡门开启或关闭。

（8）阻挡装置扇门。阻挡装置扇门是应用比较广泛的检票机阻挡装置。

评价与分析

班级		姓名		所在小组		
序号	评价要点	配分	得分	自我评价（20%）	组长评价（30%）	教师评价（50%）
1	课前任务完成情况	10				
2	课堂知识掌握程度	20				
3	小组任务完成情况	40				
4	小组合作配合情况	20				
5	课后任务完成情况	10				
总分						
学习小结						

项目 5　城市轨道交通票务组织

建议学时

24 学时。

学习地点

一体化实训中心。

任务 5.1 城市轨道交通票务系统

布置任务

1. 了解票务系统概述；
2. 理解城市轨道交通票务系统的定义；
3. 理解票务系统的影响因素；
4. 理解城市轨道交通自动售检票系统与票务系统的关系。

建议学时

8 学时。

人员分工

小组分工表

小组名称		组内分工
组长		
组员 1		
组员 2		
组员 3		
组员 4		
组员 5		
组员 6		

学习任务单

小组学习任务单

小组名称	
组员	
学习任务 1	小组讨论城市轨道交通客流要素对自动售检票系统与票务系统的影响
学习任务 2	小组讨论票制对自动售检票系统与票务系统的影响

相关资料

5.1.1 城市轨道交通票务系统概述

城市轨道交通是承载城市客运的主干交通体系，它能有效解决大客流、远距离、快速准点等城市交通难点，提供“畅达、安全、舒适、清洁”的交通服务，具有人性化、捷运化、信息化和生态化等基本特征。其最典型的特点为：① 提供高效的中、远距离客运服务；② 适应频繁的瞬间大客流冲击；③ 单项交易金额较小，但总交易量大，导致总交易金额巨大。

5.1.2 城市轨道交通票务系统的定义

城市轨道交通票务系统的主要功能是制定票价等运营策略，对车票制作、车票出售、入站检票、出站检票和补票、罚款等营收信息进行有效管理。随着系统功能外延的不断扩展，票务系统也承担起对营运状况进行监控管理的职责。合理的票务机制能有效培育客流和提高运营效益。建立路网自动售检票系统，有利于高效实施轨道交通票务系统管理，提高票务结算的公正性、公平性，同时提高乘客的出行效率。

5.1.3 城市轨道交通票务系统的影响因素

城市轨道交通票务系统是轨道交通票务收入和结算的基础，只有通过安全、可靠和完备的自动售检票系统，才能有效地实施票务的结算和清分。网络票务系统的统一规划，是实现线路之间换乘的基础条件。如果没有网络票务系统的统一规划，可能会导致各条线路之间票务系统不兼容、车票介质不兼容，因而无法实现互联，不能实现信息的共享，也无法进行交易数据的清分。

快捷、方便是城市轨道交通的最大优点，也是基本要素。在设计城市轨道交通票务系统时，应本着“以人为本”的宗旨，充分考虑以下因素。

（1）有利于提升城市轨道交通行业的社会形象和服务区域形象。

（2）有利于提高运营管理水平，保障票务收益。

（3）有利于管理责任落实，保证交易数据和票务信息的安全。

（4）有利于简化操作，方便出行，提高乘客的出行效率。

（5）有利于提供准确的客流及票务统计分析数据。

（6）有利于减少现金交易、人工记账及统计工作，提高准确率和效率。

5.1.4 城市轨道交通自动售检票系统与票务系统的关系

自动售检票系统是票务系统的实现手段之一，它能有效提高票务系统的管理水平和效益。自动售检票系统与票务策略的对应关系主要表现在客流、票制、统计与结算、车票处理等方面。

1. 客流

自动售检票系统可根据交易信息，为决策或规划提供客流信息。自动售检票系统可通过其良好的票务管理水平和高效的客流信息处理能力，成功实现低成本、高效率的系统运作。

提高信息利用率，增强系统的决策分析能力是自动售检票系统的发展方向之一。应强化系统整理分析原始数据和信息的能力，将票务系统与其他的信息管理功能相结合，通过票务系统的信息挖掘，可以进一步了解区域客流特征，为管理提供量化的决策依据，也可为相关的经济行为提供客流行为支持，提高服务或管理决策的针对性和准确性。

2. 票制

自动售检票系统根据票务政策的计费原则和计费方式进行售票、检票和统计。对单一票制、计程票制和混合票制，应结合不同的票制原则以及相应的优惠措施制订执行方案。

单一票制是根据乘车次数（即完成一个完整的进、出站检票过程计为一次）进行计费，与实际乘坐的距离长短无关。计程票制是经进、出站检票，严格按照实际乘坐距离长短（里程或乘坐车站数）并根据票价计费标准计算乘车费用。混合票制也称为分区域（区间）计程制，即将运营线路总长度分为若干个区域（区间），根据票价计费标准，在各区域（区间）内采用同一票价。实际运营距离跨越一个或多个区域（区间）时，根据占用的区域（区间）数进行计费。

3. 统计与结算

票务统计与结算的基础是交易数据，线路每天的客流量，是该线路各站的单程票、储值票及许可票的进站数及换乘至该线人数之和。各线日车票收入以单线各站的单程票发售收入与储值票的出站扣值及当天补票收入之和，减去退票款后，按乘客在各换乘线路乘坐的情况核算。

自动售检票系统可对客流量、票务收入以及单程票的使用进行统计和分析，并编制相应的报表。自动售检票系统对不同线路或不同的受益主体进行票务收入的清分，对路网系统与其他兼容系统进行清分，并可通过银行结算系统进行及时结算。

4. 车票处理

车票处理包括对单程票、储值票和许可票的处理。一般情况下，单程票是当日当站使用，通常要制定退票规则，包括是否允许退票、退票时间要求、手续费的收取等；储值票包含记名和不记名储值票，不记名票通常不挂失、不办理退票，当储值票不能正常使用时，由车站受理，交专门部门进行查询、分析和作出相应的处理。

评价与分析

班级		姓名		所在小组		
序号	评价要点	配分	得分	自我评价（20%）	组长评价（30%）	教师评价（50%）
1	课前任务完成情况	10				
2	课堂知识掌握程度	20				
3	小组任务完成情况	40				
4	小组合作配合情况	20				
5	课后任务完成情况	10				
总分						
学习小结						

任务 5.2　自动售检票系统运营管理模式

布置任务

1. 了解自动售检票系统运营管理模式定义；
2. 掌握城市轨道交通不同运营模式操作。

建议学时

8 学时。

人员分工

小组分工表

小组名称		组内分工
组长		
组员 1		
组员 2		
组员 3		
组员 4		
组员 5		
组员 6		

学习任务单

小组学习任务单

小组名称	
组员	
学习任务1	模拟操作，2023年7月，在某城市举办的一场大型活动结束，大量观众涌入轨道交通1号线A车站，车站出现大客流，假如你是值班站长，该如何处理相关情况
学习任务2	模拟操作，2023年年末，某城市轨道交通A车站16:35出现出站及双向检票设备全部故障，假如你是值班站长，该如何处理相关情况
学习任务3	模拟操作，2023年年末，某城市轨道交通1号线由于设备原因，导致全线延误10 min，出现出站及双向检票设备全部故障，假如你是值班站长，该如何处理相关情况

相关资料

5.2.1 自动售检票系统运营管理模式定义

自动售检票系统包括三种运营管理模式，即正常运营模式、降级运营模式和紧急放行运营模式。在不同的情境下，自动售检票系统处于不同的模式下。

1. 正常运营模式

通常情况下，自动售检票系统在正常运营模式下自动运行。正常运行模式是系统默认模式，包括正常服务模式和关闭服务模式。正常服务模式下进行正常的售票、补票、检票等处理。关闭服务模式下，不对车票进行任何处理。

2. 降级运营模式

降级运营模式包括运营故障模式、进站免检模式、出站免检模式、时间免检模式、日期免检模式和超程免检模式。

1）运营故障模式

（1）设备的表现。

① 中央计算机系统工作站上要明显地显示该车站名称及模式，如字体或颜色闪烁等以便进行监控。

② 设置了该模式的车站计算机系统应在显著的位置，用明确的文字或符号显示所设置的模式，并用明确的文字或符号显示车站内的哪些设备已进入该模式。

③ 在收到车站计算机系统下达的命令后，车站终端设备按模式要求进入相应的状态，按模式要求对车票进行处理。

（2）对车票的处理。

设置该运营故障模式的出站检票机应根据车票的票种及进站地点作不同处理：① 对由本站进站的单程票及乘次票不扣除车费或乘次，单程票不回收，并写入此模式的标志信息；② 对由本站进站的其他车票不扣任何车费，并写入出站码和此模式的标志信息；③ 对由其他车站进站的单程票及乘次票不扣除车费或乘次，单程票不回收，并写入此模式的标志信息；④ 对由其他车站进站的其他类型车票不扣车费，写入出站码和此模式的标志信息。

模式结束后，所有车站的自动检票机对车票的处理：① 若单程票或乘次票具有列车故障模式标志信息，并在规定时间段内（系统设置），允许在任何车站进站使用，出站时根据实际车费进行检查，车费不足应到半自动售补票机进行超程更新处理；② 储值票等其他车票正常使用和扣费。

2）进站免检模式

如果车站出现大客流集中进站，如大型活动散场等；进站自动检票机异常等情况，会启动进站免检模式。

（1）当对某个车站的车票实行免检时，所有未编进站信息的储值票、纪念票或乘次票等，系统均自动认为是指定车站进站的车票，出闸机将自动扣除相应的车费，而单程票则检查购票车站；如果是指定车站，则不检查进出站次序（忽略反退回标识），并回收（但票值必须相符，否则也要补交相应的车费）。

（2）当对所有车站的车票实行免检时，对所有车票都不检查进出站次序，储值票将被扣除最短程车票，乘次票将被扣除一个乘次，单程票将被收回且不检查票值。

3）出站免检模式

出现下列情况之一时，车站可设定为出站免检模式：出站及双向检票设备全部故障；客流集中出站，检票设备能力严重不足，危及乘客安全时。

在出站免检模式下，乘客出站无须检票直接出站。持非回收类车票的乘客在规定日期内再次进站时，进站检票机依据车票内进站信息和模式信息扣除上次乘车费用后按照正常检票进站。回收类车票作废不可再次使用。

4）时间免检模式

（1）设备的表现。

① 中央计算机系统工作站上要明显地显示设置为该模式的车站名称，如字体或颜色闪烁等，以便进行监控。

② 设置了该模式的车站计算机系统应在显著的位置，用明确的文字或符显示所设置的模式，并用明确的文字或符号显示车站内的哪些设备已进入该模式。

③ 在收到车站计算机系统下达的命令后，车站终端设备按模式要求进入相应的状态，并按模式要求对车票进行处理。

（2）对车票的处理。设置此模式车站的出站检票机对所有车票不检查车票上次的进站时间，但是仍检查车票的票值、进站码、日期等，所有车票按正常票价扣费。

5）日期免检模式

若由于轨道交通运营，导致车票过期，可根据运营工作的需要及相关规定的要求设置日期免检模式。

（1）设备的表现。中央计算机系统工作站上要明显地显示设置为日期免检模式的车站名称，如字体或颜色闪烁等，以便进行监控。

① 设置了该模式的车站计算机系统应在显著的位置，用明确的文字或符号显示所设置的模式，并用明确的文字或符号显示车站内的哪些设备已进入该模式。

② 在收到车站计算机系统下达的命令后，车站终端设备按模式要求进入相应的状态，对车票进行处理。

（2）对车票的处理。设置此模式的出站检票机对所有车票不检查车票上的有效日期，但是仍检查车票的其他信息，如进站码、车票票值等，所有车票按正常票价扣费。

6）超程免检模式

由于某个车站因为事故或者故障而关闭，导致列车越过该站后才停车，可根据相关规定的要求设置超程免检模式。

（1）设备的表现。

① 中央计算机系统工作站上要明显地显示设置为该模式的车站名称，如字体或颜色闪烁

等，以便进行监控。

② 设置了该模式的车站计算机系统应在显著的位置，用明确的文字或符号显示所设置的模式，并用明确的文字或符号显示车站内的哪些设备已进入该模式。

③ 在收到车站计算机系统下达的命令后，车站终端设备按模式要求进入相应的状态，按模式要求对车票进行处理。

（2）对车票的处理。设置此模式的出站检票机不检查车票的余值，但检查车票的其他信息，如车票的进站码、时间、日期等，储值票扣最低票价，乘次票扣一个乘次，轨道交通专用票回收。

3. 紧急放行模式

在运营过程中，当车站或列车发生火灾、爆炸等危及乘客和工作人员生命安全的紧急情况，需要乘客紧急撤离车站时，启用紧急放行模式。

1）设备的表现

（1）中央计算机系统工作站上要明显地显示设置为该模式的车站名称，如字体或颜色闪烁等。以便进行监控。

（2）设置该模式的车站计算机系统应在显著的位置，用明确的文字或符号显示所设置的模式，并用明确的文字或符号显示车站内的哪些设备已进入该模式。

（3）在收到车站计算机系统下达的命令后，车站终端设备按模式要求进入相应的状态，按模式要求对车票进行处理。

（4）半自动售票机可正常运作，但操作员显示器上显示紧急状态的信息。自动售票机应处于暂停服务的状态。

（5）检票机所有扇门处于打开状态，保证乘客无障碍地离开付费区。同时，所有检票机（包括进、出站检票机）的乘客显示器显示紧急信息，所有面向付费区的导向指示器闪烁显示“通行”标志，所有面向非付费区的导向指示器闪烁显示“禁止通行”标志。

2）对车票的处理

所有检票机不对车票进行写处理。如果有车票放于读卡器上，不对车票进行写操作，城市轨道交通专用票不回收。

评价与分析

班级		姓名		所在小组		
序号	评价要点	配分	得分	自我评价（20%）	组长评价（30%）	教师评价（50%）
1	课前任务完成情况	10				
2	课堂知识掌握程度	20				
3	小组任务完成情况	40				
4	小组合作配合情况	20				
5	课后任务完成情况	10				
总分						
学习小结						

任务 5.3　票款管理

布置任务

1. 了解票价策略与计价方式；
2. 掌握票款管理流程现金的管理流程；
3. 理解票款清分管理。

建议学时

8 学时。

人员分工

小组分工表

小组名称		组内分工
组长		
组员 1		
组员 2		
组员 3		
组员 4		
组员 5		
组员 6		

学习任务单

小组学习任务单

小组名称	
组员	
学习任务 1	完成调研报告：调研所在城市的城市轨道交通票价策略
学习任务 2	模拟开展 2023 年年末城市轨道交通车站 A 车站，票务员票款管理的现金交接流程
学习任务 3	完成调研报告：调研北京、上海、广州的轨道交通票价

相关资料

5.3.1 票价策略与计价方式

目前，在城市轨道交通行业采用的票价制式主要有单一票价制和计程票价制。单一票价制是指不论乘客乘坐里程长短或站点数多少，都实行一种价格的票价制度。

计程票价制又分为按区间分段计价和按里程分段计价两种。按区间分段计价是指按乘客乘坐的车站区间数量实行多级票价，根据设定的基本起步价、起价区间、每个计价段所包含的区间数、每个计价段价格等进行票价的计算。按里程分段计价是指按乘客乘坐的运营里程长短实行多级票价，根据设定的基本起步价、起价里程、每个计价段所包含的里程数、每个计价段价格等进行票价的计算。

单一票价制优点是票制单一，易于管理和操作，服务人员相对较少；缺点是长、短途客流费用支出不合理，无法充分体现企业的经济效益。

计程票价制按里程分段计价，优点是充分考虑长、短途客流的不同需求，按乘坐里程与票价的关系制定合理的票价，适用于站间距有较大差异的线网，缺点是管理难度较大，对自动售检票系统提出了更高的要求。

5.3.2 票款及现金的管理流程

备用金配发到车站后，主要供车站流通使用。自动售票机及票务处的票款经车站清点后，需及时存入企业在银行的专用账户。

1. 现金的安全管理规定

票务收益室、客服中心应设有防盗门，并随时保持锁闭状态，门钥匙由专人保管及使用。室内应配置监视设备，能对所有现金操作环节进行实时监视和实时录像，并留存一定时间段的录像可供回放查看。除车站当班票务工作人员及其他指定票务工作人员外，其他人员不得随意进入票务收益室、客服中心，确需进入时，必须得到当班值班站长或以上级别人员的许可，并由当班值班员陪同方可进入。

车站需设立台账，记录批准人员和进入人员姓名、进入原因、进入时间以及离开时间等，当班值班员离开点钞室或站务员离开票务处时，票务收益室、客服中心内所有人员必须随同离开，不得逗留。除现金交接、钱箱清点之外，其他时间票务收益室内的所有现金只能保管在保险柜、补币箱、待清点钱箱或已锁闭的尾箱内，站务员在处理现金时，应将现金放在乘客接触不到的地方。

2. 现金的交接

为保证备用金、票款在各岗位之间交接过程中的安全，车站在进行备用金、票款交接时，需建立交接凭证和统计台账，交接人员依据交接凭证办理交接手续并做好书面交接记录；交接时若发现实点金额与交接凭证有误，交接双方需及时核查更正。对于不能及时查明原因的，应按实点金额进行签收，车站在交接记录本上记录相关情况，并将情况立即报告上级组织调查。

3. 现金的加封

为保证车站现金管理的安全、有序，车站现金应加封进行保管，可用扎把带直接加封，或采取将现金装进钱袋、信封后用扎把带加封钱袋、信封的方式进行加封。

5.3.3 票款清分管理

当乘客旅行过程中设计多条运营线路时，中央计算机系统的清分子系统必须对换乘交易的数据进行专门的统计，必要时应对交易费用进行清分结算。

在清分处理中，可以根据起止站预订的换乘路径进行清分，也可以根据积累的换乘规律和算法进行。

换乘票务的清分一般包括票款清分和交易清分，其中交易清分需参照预订或积累的换乘路径进行，可以用于运载量的输入信息；而票款的清分不一定需参照预订或积累的换乘路径进行。

1. 无标记换乘的清分

在路网中，乘客从进站到达出站，经过的路径和运营线路有多种选择。由于路径的不确定性，清分时可以采用路径算法、数理统计算法或者模糊算法等，确定各运营线路的票款收益。

2. 有标记换乘的清分

乘客在换乘时记录了乘客的进站交易数据、出站交易数据、路径数据，在自动售检票系统中可以获得换乘交易的一条完整的路径数据，根据路径数据，清分系统能够精确地清分各运营线路的收益，但在换乘站必须在车票上留有换乘标志信息，并经过车站计算机上传给有关系统集中处理。

评价与分析

班级		姓名		所在小组		
序号	评价要点	配分	得分	自我评价（20%）	组长评价（30%）	教师评价（50%）
1	课前任务完成情况	10				
2	课堂知识掌握程度	20				
3	小组任务完成情况	40				
4	小组合作配合情况	20				
5	课后任务完成情况	10				
总分						
学习小结						

项目 6 城市轨道交通车站运营组织

建议学时

24 学时。

学习地点

一体化实训中心。

任务 6.1　城市轨道交通车站行政管理

布置任务

1. 了解城市轨道交通车站管理组织结构；
2. 掌握城市轨道交通车站各岗位工作职责；
3. 掌握站务员作业流程。

建议学时

8 学时。

人员分工

小组分工表

小组名称		组内分工
组长		
组员 1		
组员 2		
组员 3		
组员 4		
组员 5		
组员 6		

学习任务单

小组学习任务单

小组名称	
组员	
学习任务 1	绘制所在城市城市轨道交通某车站管理组织结构图
学习任务 2	2022 年 1 月 22 日下午 4:30 左右，某城市 15 号线某地铁车站一名老年女性乘客下车时被屏蔽门夹住，工作人员上前帮助其脱困后，经送医抢救，该乘客仍不幸身亡。模拟该车站的站区长处理该事件
学习任务 3	2022 年 1 月 22 日下午 4:30 左右，某城市 15 号线某地铁车站一名老年女性乘客下车时被屏蔽门夹住，工作人员上前帮助其脱困后，经送医抢救，该乘客仍不幸身亡。模拟该车站的值班站长处理该事件
学习任务 4	模拟票务员作业流程

相关资料

6.1.1 城市轨道交通车站管理组织结构

我国绝大多数地铁都是由值班站长负责车站内的日常管理事务，其上级是站区长，很多城市中间已不再设站长一职。一般情况下，车站实行层级负责制，由上至下的顺序依次为站务经理、站区长、站长、值班站长、值班员、站务员，信息汇报实行逐级汇报，特殊情况下可越级管理、越级汇报。车站站务管理组织框架如图 6-1 所示。

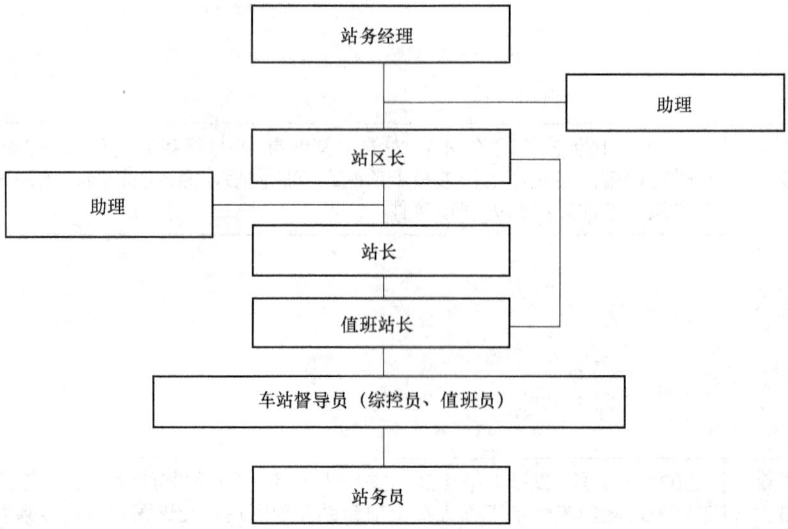

图 6-1　车站站务管理组织框架

站常驻人员包括值班站长、值班员、站务员、保洁员、AFC 设备维修人员、地铁公安等。

6.1.2 城市轨道交通车站各岗位工作职责

1. 站区长（中心站站长）的岗位职责

1）指导所管辖范围内的车站工作

确保各车站人员提供高品质的乘客服务；在处理故障或事故时，指导各车站人员根据相关的规则及程序协助处理故障或事故，并做好恢复、善后及预防的工作，保证及时、安全、高效地处理突发事故和恢复客运服务。

确保与公安及政府应急抢险部门及其他公交机构保持沟通合作，以便在发生重大交通故障或事故时能及时处理；负责指导并加强车站系统的安全作业、服务质量等。

2）负责所管辖范围内的车站人力资源管理工作

确保所管辖范围内车站工作的安排、指导、检查、监督、评价和考核工作能公平公正地执行，减少内部冲突，保持车站团队的伙伴合作精神，营造积极向上的良好工作气氛。

3）负责所管辖范围内的其他相关管理工作

负责站区建设工作，包括组织建设、文化建设、制度建设和运行机制建设。

2. 值班站长的岗位职责

1）车站内综合管理

负责管理本车站的有效列车运作及客运服务工作，确保站务人员能按要求提供安全、可靠及高效率的车站服务；随时保持与中心行车调度员、电力系统调度员和站务人员的联络畅通，掌握有关行车和相关设备的情况；及时处理车站发生的行车事故，减少对乘客的影响；当车站的设施、设备发生故障或出现突发情况时，应采取有效措施保证车站的正常使用，并将故障情况通知有关单位。

2）车站员工管理

协助制定站务人员的排班表，确保站务工作的安排、指导、检查、监督、评价和考核工作能公平、公正地执行，减少内部冲突，以营造和维持站务室内的团队伙伴合作精神。

3. 行车值班员岗位职责

监视车站行车、客运、票务等各类设备的运行情况，及时上报并登记；遇突发事件、事故时，操作车控室内相关设备，根据值班站长指示执行相应的应急处理程序；负责车站行车工作，监控列车运行情况及乘客动态，并按规定及时播放广播；接到文件、通知须及时登记、汇报，并协助值班站长处理开关站及其他工作；负责车站范围内的备品和钥匙管理，做好借用、归还登记工作；办理施工请点、销点手续，做好安全防护监督工作。

4. 客运值班员岗位职责

做好补币补票、售票员的票款配备和结算、更换钱箱、更换票箱、封装车票、封装现金、现金解行等各项票务工作，及时将相关数据输入 SC 系统，填写、上交报表；按程序及值班站长指示做好开关站工作，协助值班站长做好车站客流组织与控制，处理相关客运、票务、乘客事务、票务设备故障的报修与处理及失物处理、乘客投诉等工作；巡视车站，监督指导客运及票务工作，检查售票员工作情况，进行必要的复核，监督票务政策的执行；遇突发事件、事故时，根据值班站长指示执行相应的应急处理程序；保持票务室及客服中心的整洁，并检查是否有车票、现金遗漏，检查发票使用情况。

5. 站务员的岗位职责

1）票务员的岗位职责

留意地面卫生，发现积水、垃圾、杂物等应及时通知保洁人员处理，同时设置警示牌，防止乘客摔倒；在客服中心负责售票、处理坏票及补票，保证票款的正确和安全；发现精神不正常的乘客应该禁止其进站乘车，并及时汇报车站控制室，必要时请求警务人员或同事的协助，保护自身安全；负责更换钱箱、票箱、引导不能正常进出闸机的乘客到客服中心办理相关手续；关注乘客动态，如发现违反地铁规定（乘客守则）的应及时制止；帮助乘客换取福利票，及时处理乘客的无效票；帮助乘客兑换零钱，处理乘客投诉和乘客问询工作；负责保证重点旅客（年老体弱者、小孩、残疾人、携大件物品乘客等）的安全。票务员应根据各个地铁的规章制度为乘客提供优质服务。

2）站厅站务员岗位职责

发现乘客携带超长、超大、超重物品时，应禁止其进站，并做好相应的解释工作；负责巡查站厅、出入口，保证设施、设备的正常运行，并做好相关巡查记录，发现安全隐患时应及时报修，发现有故意损坏地铁设备的应及时制止，并上报车站控制室；负责站厅、出入口的客流组织工作，防止乘客过分拥挤，必要时采用相应的限流措施；站厅、出入口发生治安安全事件时，应及时赶到，保护现场，寻找两名及以上目击证人。

3）站台安全员的岗位职责

随时关注站台乘客动态，当车辆进站时，应于靠近紧急停车按钮处站岗，防止乘客在关门时冲上车夹伤；清客完毕，需要向司机显示“一切妥当”的信号；解答乘客问询，关注行动不便的乘客，必要时扶其上下车；巡查站台，发现问题及时采取相应的处理措施；负责维持站台顺序，组织乘客有序乘降，如果发现乘客有违规行为，应及时制止，并做好解释工作；维持列车服务，如复位乘客报警器；简单处理车门、屏蔽门故障，协助值班站长进行事故处理。

6.1.3 站务员作业流程

1. 票务员作业流程

1）交班前的相关工作流程

首班车到达以前，按规定着装，学习重要文件，听取值班站长安排；领取现金备用金、票卡、钥匙、对讲设备等；检查 AFC 设备、备品备件及对讲设备情况，做好售票准备。

2）当班过程中的相关工作流程

严格按照售票作业程序售票，如果乘客使用大面值的纸币购票，应提醒乘客当面点清票款；在帮助乘客充值时提醒乘客看清显示器金额，让乘客确认；当班过程中需保持客服中心的整洁、票证报表、钱袋摆放整齐；当硬币、车票、发票数量不够时，向车站控制室报告。

售票结束后，票务员进行设施、设备的交接，将本班的报表、车票、所有现金收拾好拿回票务室；整理钱、票、带回票务室结算；班中如果需要替换岗位，应做好票务钥匙、票务设备、对讲设备的交接工作。

3）交班的相关工作流程

退出 BOM，将抽屉里的钱和车票整理放入票盒；将硬币清理好装回硬币袋；拿走本班的钱袋，尽快回票务室结账。

2. 站厅站务员和站台安全员作业流程

1）交班前的相关工作流程

签到、阅读文件、接受上级交代的工作并了解注意事项；领取相关的对讲机设备和钥匙；巡视车站及设备；带齐工作备品准时到岗，配合值班站长做好车站开启工作。

2）当班过程中的相关工作流程

（1）站台安全员的相关工作流程。列车进站时，站务员需站在紧急停车按钮旁边，以便发生事故时及时按下，保证乘客安全；工作时间内要求保持站立姿势，不得坐在灭火器或站台座椅上。当列车进站时，提醒乘客不要拥挤，不要手扶车门，注意列车和屏蔽门之间的空隙。

（2）站厅岗巡查员的相关工作流程。引导乘客使用自助售检票设备；运营时间内巡查车站设备，并做好相关记录；回收闸机的票卡，补充 TVM 的票卡及纸币找零箱；发生紧急情况时，第一时间内报告车站控制室；在上下行末班车到站前规定时间，在 TVM 上，每组闸机前应摆放停止售票的告示牌。

3）交班后的相关工作流程

末班车开出后，及时清理站台，确认车站没有滞留乘客，无异常情况后汇报；协助关闭车站的相关设备；配合值班站长做好车站关闭工作，将相关钥匙和对讲设备交还给车站控制室。

评价与分析

<table>
<tr><td>班级</td><td></td><td>姓名</td><td></td><td>所在小组</td><td colspan="2"></td></tr>
<tr><td>序号</td><td>评价要点</td><td>配分</td><td>得分</td><td>自我评价
（20%）</td><td>组长评价
（30%）</td><td>教师评价
（50%）</td></tr>
<tr><td>1</td><td>课前任务完成情况</td><td>10</td><td></td><td></td><td></td><td></td></tr>
<tr><td>2</td><td>课堂知识掌握程度</td><td>20</td><td></td><td></td><td></td><td></td></tr>
<tr><td>3</td><td>小组任务完成情况</td><td>40</td><td></td><td></td><td></td><td></td></tr>
<tr><td>4</td><td>小组合作配合情况</td><td>20</td><td></td><td></td><td></td><td></td></tr>
<tr><td>5</td><td>课后任务完成情况</td><td>10</td><td></td><td></td><td></td><td></td></tr>
<tr><td>总分</td><td colspan="6"></td></tr>
<tr><td>学习小结</td><td colspan="6"></td></tr>
</table>

任务 6.2　城市轨道交通车站日常运作

布置任务

1. 掌握车站开启的程序；
2. 掌握车站关闭的程序；
3. 掌握车站巡查的重点工作内容。

建议学时

8 学时。

人员分工

小组分工表

小组名称		组内分工
组长		
组员 1		
组员 2		
组员 3		
组员 4		
组员 5		
组员 6		

学习任务单

小组学习任务单

小组名称	
组员	
学习任务 1	模拟值班站长，汇报车站开启的主要工作
学习任务 2	模拟演练城市轨道交通车站关闭的各岗位工作流程
学习任务 3	模拟站长对 A 车站进行巡查，并说明车站巡查的主要内容和注意事项

相关资料

6.2.1　车站开启程序

1. 车站开启前，值班站长工作

所有站台端门/屏蔽门已完全关闭和妥善锁定，并经手控开关（端门后方）试验；所有消防设备的性能良好并妥善固定；送电前接触轨下及附近没有杂物，接地装置已放回原位。车站公共区不存在安全隐患；确保各项设备功能正常。

2. 车站开启的主要流程

在首班车到站前的规定时间内，按规定试验道岔夜间开启车站前巡视；试验开关安全门；检查站台和线路出清情况，确保所有工程领域或影响车站运营的工作都已撤销，所有物品及人员都已撤离轨道，并汇报行调；开启车站环控（BAS）系统，并检查其运行情况；确认已完成对 TVM 的补币、补票；领取票卡和备用金；确认各岗位人员到岗；在首班车到站前的规定时间内开启照明及 AFC 设备；全站巡视完毕；出入口大门、扶梯开启，向乘客广播候车的注意事项。

3. 开启车站出入口注意事项

一般情况下，车站出入口必须在首班载客列车到达车站前 10 min 开放。如果出现特殊情况，可提前开启车站出入口，方便乘客购票，开门前要做好一切运营准备。

6.2.2　车站关闭程序

1. 末班车开车前，值班站长工作职责

换乘站的列车接驳按编定的安排进行，获行车调度员特别指示的情况除外；车站内搭乘有关行车线列车的乘客已登上该末班车；列车驾驶员收到一切妥当的手信号；所有人员必须离开车站范围，获授权留下的人员则不在此限；要确定个别人员是否获授权于非行车时间内留在车站，必须向行车调度员查询；锁上所有车站的出入口前，值班站长必须确保最后一名乘客已离开车站；末班车离站后，必须关闭和锁上所有车站的出入口，防止闲杂人进入；所有车站的出入口必须在整段非行车时间内关闭。

2. 车站关闭的主要流程

有关员工或获授权的工作队必须从指定的出入口进入车站。开启该出入口需使用其个人获发的钥匙或通行卡，或向获授权的人员借用钥匙或通行卡。不允许非所属站区非当班员工在车站留宿。在末班车到达前的规定时间，播放末班车广播检查站厅、站台等岗位情况；在进站闸机前摆放停止服务的告示牌。在末班车到达前的规定时间，值班站长确认所有 TVM、入闸机已关闭，停止售票广播；值班员播放停止售票广播，关闭 TVM，并通知停止售票和进站检票工作。末班车开出前，值班站长、站务员进行检查，确认站台乘客均已上车，向驾驶员展示“末班车手信号”。末班车开出后，客服中心站务员收拾票、钱，整理客服中心备品，注销 BOM，回票务室结账。车站督导员与客服中心站务员结账。运营结束后，值班站长清站，确认出入口关闭，扶梯、照明、AFC 设备全部关闭。

6.2.3 车站巡查作业制度

车站巡查时，需要定期巡查车站所有公共区，主要包括站台（地面、相关设备、乘客是否在安全线以内候车等）、通道（地面、相关设备，有无乘客在通道内滞留等）、扶手电梯（携带大件行李的乘客，行动不便的老年人等）自动人行道。

在日常车站巡查过程中，巡查的主要内容如下。

1. 车站客流情况

随时关注客流情况，避免因人多拥挤而构成的危险；迅速移去任何阻碍客流的障碍物；做好在发生紧急情况时疏散乘客的准备——广播、通告、应急方案。

2. 车站可能存在的隐患

及时清理地面积水、液体、泥泞或其他污渍；遇雨雪天气，应及时铺设防滑用品及清扫出入口处的积雪；避免在湿滑砖面和金属踏板上撒上沙粒。当隐患不能彻底消除时，设置适当的防护警示标志；在接触轨停电后，方可允许进入轨道区域。

3. 车站乘客管理

防止儿童在车站范围内嬉戏；防止乘客携带任何危险品、攻击性物品或有害物品进入地铁范围；防止乘客运送可能会导致意外、滋扰其他乘客或损坏公司财物的物品；要求携带笨重物品或行李以及使用轮椅的乘客使用垂直电梯，切勿使用扶手电梯，以免构成危险。

4. 电扶梯及自动扶梯

有关员工在停止电扶梯或自动人行道前，必须确保梯级和踏板上均没有人，在紧急情况下除外。

5. 站台情况

维持站台舒适安全的候车环境；在特殊情况下协助列车长进行事件处理；确保站台设备正常，发生故障及时报修；对任何非正常的情况保持警觉，如突发事件、安全门故障等；确保岗位上不得代人存放物品；提供适当协助，确保列车按运行时刻表时间离站；在车门和屏蔽门即将关上时，劝阻乘客切勿抢着上车，冲击安全门；提高警惕，留意发生任何事故或异常情况。

站台边缘或列车附近是否存在任何隐患，如乘客扒屏蔽门，或在站台边缘或站台安全门上或附近摆放物品；留意车门、屏蔽门的关闭情况，特别注意是否有乘客可能被门夹住；一旦出现异常情况，及时按动紧急停车按钮。

6. 车站内相关用房

有关员工必须经常巡查其可进入的房间，确保已关闭所有不需要的照明；房间清洁，没有垃圾，无其他异常情况。

评价与分析

班级		姓名		所在小组		
序号	评价要点	配分	得分	自我评价（20%）	组长评价（30%）	教师评价（50%）
1	课前任务完成情况	10				
2	课堂知识掌握程度	20				
3	小组任务完成情况	40				
4	小组合作配合情况	20				
5	课后任务完成情况	10				
总　分						
学习小结						

任务 6.3　城市轨道交通车站管理制度

布置任务

1. 理解城市轨道交通车站管理制度；
2. 掌握车站钥匙管理制度、车控室管理制度、巡视制度。

建议学时

8 学时。

人员分工

小组分工表

小组名称		组内分工
组长		
组员 1		
组员 2		
组员 3		
组员 4		
组员 5		
组员 6		

学习任务单

小组学习任务单

小组名称	
组员	
学习任务 1	2023 年 4 月 3 日，XX 车站发生屏蔽门故障，模拟站务人员或值班站长，进行相关信息汇报
学习任务 2	模拟值班站长，为所在小组进行车站排班，并说明理由
学习任务 3	假如你是值班站长，模拟开展 2023 年 4 月 3 日晨会，此次晨会主要布置以下几项工作： 1. 总结班组运营情况； 2. 进行党的二十大相关文件的学习； 3. 进行新型安检设备培训

相关资料

城市轨道交通车站，在日常管理工作中，必须严格遵守以下车站相关管理制度。城市轨道交通车站作为直接向乘客提供运输服务的生产单元，需要严密、规范的管理，以保障轨道交通车站客运组织工作的顺利开展。

1. 车站排班制度

城市轨道交通一旦投入运营，车站基本上是 24 小时作业的，运营时间接待乘客，非运营时间进行设备保养、维修。因此，必须按照工作的需要，对车站各岗位实行定岗定员，一般采用轮班制，如大三班、大四班，车站员工根据排班表的安排上岗。排班时要注意执行《中华人民共和国劳动法》的规定，每月要确保员工休息时间符合国家规定，同一员工相邻两个班次的间隔时间至少 12 小时。

2. 信息汇报制度

车站每天有大量信息需要向外反馈，必须有清晰的汇报流程，以确保信息的反馈能及时、有效并得到合理的处理。通常汇报的信息包括一般信息和紧急信息。一般信息可以每天汇总，按照规定逐级反映到相关部门处理；紧急信息由当班的值班站长根据事件情况，按照规定向相关负责人进行汇报，并做记录。

3. 会议制度

传达近期工作重点，总结班组运营情况，培训相关知识。城市轨道交通车站一般在班组交接班之前开车站交班会议，保证生产信息的有效传达。

4. 巡视制度

城市轨道交通车站作为一个开放型的公共场所，服务对象的群体具有流动性、临时性、复杂性、不确定性等特点。为保障运营期间各种设施、设备正常运行，车站工作人员需要在日常工作中进行巡视，以保证场所、设施、设备、人身及财产的安全。轨道交通车站通常对车站巡视工作制定制度，明确各岗位巡视的范围和巡视的要求，实行巡点签到、登记记录等制度，确保不漏巡、不跳巡。

5. 文件管理制度

文件是城市轨道交通车站日常管理中涉及内容最多的一项，也是生产信息传递的重要形式，文件、规章是城市轨道交通车站日常运作的指挥棒。为规范车站文件的分类、归纳、更新、保管及使用，城市轨道交通车站一般都制定管理制度，由车站专人负责进行分类、归档管理等工作。比如车站各种规章手册，保安保洁资料、失物招领资料以及近期站内的各种安排及通知等都应该分类整理，并存放在相对固定的位置。

6. 钥匙管理制度

城市轨道交通车站的结构布局通常比较复杂，设有多个设备房间以满足正常运营的需要。为保障设备的正常运作，防止闲杂人员进入，通常都有严格的专人负责、专人锁门的管理要求。日常工作中设备的维修人员以及设备的使用人员经常需要进出设备房，因此要保证车站设备房的钥匙状态正常、良好。车站任何房间的开启必须得到车站的同意，借用人在行车值班员的监督下填写《车站钥匙借用登记本》，行车值班员确认后签字，并发放钥匙。用完及时归还，并记录。

7. 车站控制室管理制度

城市轨道交通车站控制室是车站监督、指挥车站运作的核心场所。车站控制室内集中了车站设备控制系统和行车指挥系统等重要设备，必须严格管理。车站控制室是 24 小时有人值守的重要场所。因工作原因进入车站控制室必须佩戴有效证件并说明原因；车站控制室的值班人员作为车站控制室的负责人，负责车站控制室的安全。

8. 考评管理制度

在车站日常管理过程中，为增强员工的安全生产意识，调动员工参与安全生产的积极性，维护正常的生产秩序，需要建立员工绩效评价体系，对员工的工作量、完成工作任务的质量、工作态度、岗位技能、安全与纪律等几个方面进行评价。

评价与分析

班级		姓名		所在小组		
序号	评价要点	配分	得分	自我评价（20%）	组长评价（30%）	教师评价（50%）
1	课前任务完成情况	10				
2	课堂知识掌握程度	20				
3	小组任务完成情况	40				
4	小组合作配合情况	20				
5	课后任务完成情况	10				
总分						
学习小结						

项目 7　城市轨道交通车站客流组织

建议学时

24 学时。

学习地点

一体化实训中心。

任务 7.1　城市轨道交通客流概述

布置任务

1. 了解城市轨道交通车站客流的概念；
2. 掌握城市轨道交通客流分类；
3. 掌握城市轨道交通客流相关概念。

建议学时

8 学时。

人员分工

小组分工表

小组名称		组内分工
组长		
组员 1		
组员 2		
组员 3		
组员 4		
组员 5		
组员 6		

学习任务单

小组学习任务单

小组名称	
组员	
学习任务 1	调查本城市轨道某一个城市轨道交通车站（或公交车站）断面客流量
学习任务 2	调查本城市轨道某一个城市轨道交通车站（或公交车站）高峰小时最大断面客流量
学习任务 3	调查本城市轨道某一个城市轨道交通车站（或公交车站）车站客流量

相关资料

7.1.1 客流的概念

客流是指在单位时间内，城市轨道交通线路上乘客流动人数和流动方向的总和，是乘客在空间上的位移及数量，又强调了这种位移是带有方向性并具有起止位置的。

7.1.2 客流分类

客流可以根据不同的要素进行分类。

1. 根据客流的时间分布特征分类

根据客流的时间分布特征，轨道交通客流可分为全日客流、全日分时客流和高峰小时客流。全日客流是指每日轨道交通线路输送的客流量。全日分时客流是指一天内轨道交通线路各小时输送的客流量。高峰小时客流一般是指轨道交通线路早、晚高峰及节假日高峰小时内输送的客流。

2. 根据客流的空间分布特征分类

根据客流的空间分布特征，轨道交通客流可分为断面客流和车站客流。断面客流是指通过轨道交通线路各区间的客流。车站客流是指在轨道交通车站上下车和换乘的客流。

3. 根据客流的来源分类

根据客流的来源，轨道交通客流可分为基本客流、转移客流和诱增客流。基本客流是指轨道交通线路既有客流加上按正常增长率增加的客流。转移客流是指由于轨道交通具有快速、准时、舒适等优点，使原来经由常规公交和自行车出行转移到经由轨道交通出行的这部分客流。诱增客流是指轨道交通线路投入运营后，促进沿线土地开发、住宅区形成规模、商业活动繁荣所诱发的新增客流。

7.1.3 客流相关概念

1. 断面客流量

在单位时间内（一小时或全日），通过轨道交通线路某一地点的客流量。显然，通过某一断面的客流量就是通过该断面所在区间的客流量。断面客流量分为上行断面客流量和下行断面客流量。

2. 最大断面客流量

在单位时间内，通过轨道交通线路各个断面的客流量一般是不相等的，其中的峰值称为最大断面客流量。轨道交通线路上行、下行方向的最大断面客流量一般不在同一个断面上，也就是说在某一断面上，上行乘客数量多并不代表当前断面下行乘客数量多。

3. 高峰小时最大断面客流量

在以小时为时间单位计算断面客流量的情况下，全日分时最大断面客流量一般是不相等的，其中的峰值称为高峰小时最大断面客流量。各条线路、各个车站在早、晚高峰期间客流量存在着明显的差异，通过对高峰小时最大断面客流量的统计，可以作为轨道车辆型式、列车编组、行车密度、运用车配置数等依据。

4. 车站客流量

车站客流量是指在轨道交通车站上下车和换乘的客流量，可细分为全日车站客流量、高峰小时车站客流量和超高峰期车站客流量。

超高峰期是指在高峰小时内存在一个 15～20 min 的上下车客流特别集中的时间段。车站高峰小时和超高峰期客流量决定了车站设计规模，是确定高站台宽度、售检票设备数量、自动扶梯数量、楼梯与通道宽度、出入口数量等车站设备容量或能力的基本依据。

评价与分析

班级		姓名		所在小组		
序号	评价要点	配分	得分	自我评价（20%）	组长评价（30%）	教师评价（50%）
1	课前任务完成情况	10				
2	课堂知识掌握程度	20				
3	小组任务完成情况	40				
4	小组合作配合情况	20				
5	课后任务完成情况	10				
总分						
学习小结						

任务 7.2　城市轨道交通客流分析

布置任务

1. 了解城市轨道交通影响客流的因素；
2. 理解城市轨道交通客流的特征。

建议学时

8 学时。

人员分工

小组分工表

小组名称		组内分工
组长		
组员 1		
组员 2		
组员 3		
组员 4		
组员 5		
组员 6		

学习任务单

小组学习任务单

小组名称	
组员	
学习任务 1	调查本市城市轨道交通某车站影响客流的因素，撰写调研报告
学习任务 2	调查本市某车站一日客流特点，撰写调研报告
学习任务 3	调查本市某车站一周客流特点，撰写调研报告

7.2.1　影响客流的因素

城市轨道交通沿线土地利用情况：土地利用涉及城市各个区域的功能定位、地上建筑物的类型、地上社会经济活动类型等多个方面。轨道交通沿线土地利用情况与客流的关系是“源”与“流”的关系。沿线土地利用对轨道交通客流规模存在着举足轻重的影响。如果城市轨道交通线路行经的区域能将城市主要居住区和商务区覆盖，那么其客流就有了基础的保障。在香港，大约 50%的居民和 55%的职业岗位距离轨道交通车站约 10 min 的步行距离，强有力的客流支撑是其获得收益、成功运营的一个重要原因。

1. 城市布局发展模式

土地利用规划对城市布局发展模式有着重要的影响，在城市由最初的在中心城区布局，发展到向城市周边及卫星城镇布局，这个过程通常伴随着客流的大幅增长及城市发展的进一步扩大。

2. 城市人口规模与出行率

城市中的出行量与人口规模、出行率存在密切的关系，因此，除了分析常住人口、暂住人口和流动人口的数量，还应分析人口的年龄、职业、出行目的、居住区域等特征。根据出行率调查资料显示，不同人群的出行率存在差异。中青年人群的出行率高于幼年与老年人群的出行率；上班、上学人群的出行率高于退休人群的出行率；市区人口的出行率高于郊区人口的出行率。

3. 城市轨道交通票价政策

票价是影响客流的重要因素，票价的变动会对沿线客流数量和运营公司的票务收入产生综合影响。票价与市民的消费能力和收入水平直接相关，轨道交通的客源主要来自中、低收入人群，而中、低收入人群对票价变动比较敏感，低收入、高票价的组合对客流的吸引最为不利，当城市轨道交通票价支出占收入水平的比例较大时，选择轨道交通方式出行的客流量就会下降。在收入水平一定的情况下，只有在城市轨道交通的性价比高于其他出行方式或替代服务的性价比时，城市轨道交通才具有吸引客流的优势。

4. 城市轨道交通运营服务水平

随着市民收入水平的提高，可选择的出行方式也逐渐增多。城市轨道交通服务的安全性、舒适性、经济性、换乘便利性及列车的运行间隔、运送速度、正点率等多项指标也逐渐成为市民选择出行方式时考虑的因素。城市轨道交通运营企业的服务水平，已成为影响客流及潜在客运需求的关键因素。

5. 政府的交通运输政策

大城市确立以公共交通为主、个体交通为辅的交通运输政策，优先发展公共交通、大力发展轨道交通、控制私人汽车的发展，对引导市民出行利用公共交通与轨道交通具有重要意义。而要实现这一交通运输政策，首先是加快公共交通设施的建设，如提高轨道交通线网的密度、建成大型换乘枢纽等；其次是优化现有交通资源的利用，如完善轨道交通与常规公交、自行车、私人汽车的衔接换乘，减少与轨道交通线路走向重复的常规公交线路等。

6. 交通网的规模与布局

多层次的轨道交通线网、合理的线路布局及走向和功能完善的换乘枢纽对实现城市中心区域 45 min 交通圈、增大轨道交通对出行者的吸引力、提高轨道交通在公共交通中的运量分担比例有着重要的作用。

7. 私人交通工具的拥有量

在客运需求一定的情况下，利用私人交通工具出行越多，则通过公共交通出行的人数就越少。在发展个体交通还是发展公共交通的问题上，国外的经验教训值得借鉴。西方国家大城市过去曾对私人汽车的发展不加控制，结果在破坏城市生态环境的同时，出现严重的道路拥挤和出行难问题，最后不得不又转向发展公共交通和轨道交通的道路上来。

因此，从优化出行方式结构、提高公共交通的客运比例出发，应有序控制私人汽车的发展。出行的快捷、方便和舒适方面，私人汽车出行无疑优于公共交通出行，但私人汽车的发展应考虑道路网能力是否适应，不能以降低大部分市民的快捷、方便和舒适为代价。对私人汽车的使用应通过经济杠杆进行适度控制，鼓励并创造条件让私人汽车使用者以停车—换乘方式进入城市中心区。

7.2.2 城市轨道交通客流的特征

1. 一日客流的特点

首先是一日内小时客流分布特征。城市轨道交通一日内小时客流随人们的生活节奏和出行特点而变化，在一日内呈起伏波状图形。通常夜间客流量较少，早晨渐增，上班或上学时间达到高峰，午间稍减，至下班或放学时间又出现第二个高峰，进入晚间客流又逐渐减少。因此，城市轨道交通一日内小时客流通常是峰型，这种规律在国内外的轨道交通线路上几乎都是一样的，只是程度不同而已。

2. 一周内全日客流分布特征

由于人们的工作与休息是以周为循环周期进行的，这种活动规律性必然会反映到一周内全日客流的变化上来。在以通勤、通学客流为主的线路上，双休日的客流会有所减少；而在连接商业网点、旅游景点的轨道交通线路上，双休日的客流又往往会有所增加。与工作日的早、晚高峰出现时间比较，双休日早高峰出现时间往往推迟，而晚高峰出现时间又往往提前。另外，周一与节假日后的早高峰小时客流，周五与节假日前晚高峰小时客流，会比其他工作日的早、晚高峰小时客流要大。

根据全日客流在一周内分布的不均衡和有规律的变化，城市轨道交通运营企业在一周内实行不同的全日行车计划和列车运行图，以适应不同的客运需求，提高运营的经济性。

3. 季节性或短期性客流变化

在一年内，客流还存在季节性的变化，如在南方的梅雨季节，市民出行率降低，城市轨道交通线路的客流会随之减少；但在旅游旺季，城市中流动人口的增加又会使城市轨道交通线路的客流增加。香港铁路公司 2009 年交通流量统计中每年 12 月圣诞打折季的到来，给香港地铁客流带来不少的拉动效应。对季节性的客流变化，可实施不同列车运行图来缓解运输能力紧张的情况。短期性客流激增通常发生在举办重大活动或遇到天气骤然变化的时候。当客流量在短期内增加，运营部门应及时执行大客流应急疏导方案，确保乘客安全、有序地乘车。

4. 各条线路客流分布特征

沿线土地利用状况的不同是各条线路客流不均衡的决定因素，而城市轨道交通线网与其他交通工具接驳的现状也是各条线路客流不均衡的影响因素。各条线路客流的不均衡包括现状客流分布的不均衡和客流增长的不均衡两个方面，它们构成了整个轨道交通线网客流分布的不均衡。

5. 上下行方向客流分布特征

由于客流的流向原因，轨道交通线路上下行方向的最大断面客流通常是不均衡的。在放射状的轨道交通线路上，早、晚高峰小时上下行方向的最大断面客流不均衡尤为明显。

6. 线路断面客流分布特征

在城市轨道交通线路上，由于各个车站乘降人数的不同，线路上各区间的断面客流通常各不相同，甚至相差悬殊。断面客流分布通常是阶梯形与凸字形两种情形，前者是指线路上各区间的断面客流为一头大、一头小；后者是指线路上各区间的断面客流为中间大、两头小。

7. 各个车站乘降客流分布特征

城市轨道交通各个车站的乘降人数不均衡，甚至相差悬殊的情况并不少见。在不少线路上，全线各站乘降量总和的大部分往往集中在少数几个车站上。此外，车站乘降客流是动态变化的，新的居民住宅区形成规模，新的轨道交通线路建成通车，既有轨道交通线路的延伸使一些车站由中间站变为换乘站，或由终点站变为中间站，列车共线运营等，都会使车站乘降量发生较大的变化和加剧不均衡或带来新的不均衡。

评价与分析

班级		姓名		所在小组		
序号	评价要点	配分	得分	自我评价（20%）	组长评价（30%）	教师评价（50%）
1	课前任务完成情况	10				
2	课堂知识掌握程度	20				
3	小组任务完成情况	40				
4	小组合作配合情况	20				
5	课后任务完成情况	10				
总分						
学习小结						

任务 7.3　城市轨道交通车站客流组织

布置任务

1. 掌握城市轨道交通车站日常客流组织办法；
2. 掌握城市轨道交通车站大客流的组织措施；
3. 掌握城市轨道交通车站特大客流应急措施。

建议学时

8 学时。

人员分工

小组分工表

小组名称		组内分工
组长		
组员 1		
组员 2		
组员 3		
组员 4		
组员 5		
组员 6		

学习任务单

小组学习任务单

小组名称	
组员	
学习任务 1	作为值班站长，模拟某日城市轨道交通 A 车站付费区换乘客流的组织工作
学习任务 2	作为值班站长，模拟某日城市轨道交通 A 车站出现大客流的组织工作
学习任务 3	作为值班站长，模拟某日城市轨道交通 A 车站出现特大客流的组织工作

相关资料

要对客流进行有效组织，首先要合理安排车站售检票、出入口及楼梯的位置，行人流动路线简单明确，尽量减少客流交叉、对流。完善车站内外乘客导向系统的设置，使乘客快速分流，减少客流聚集和过分拥挤的现象。

乘客能够顺利地换乘其他交通工具。换乘过程中人流与车流的行驶路线要严格分开，以保证行人的安全和车辆的行驶不受干扰。

满足换乘客流方便、安全、舒适的基本要求。如：适宜的换乘步行距离、恶劣天气下的保护、全天候的连廊系统，对残疾人专门设计无障碍通道；又如适宜的照明、开阔的视野以及突发事件应急系统等。

7.3.1　城市轨道交通车站客流组织的内容

城市轨道交通车站客流组织的主要内容包括：车站售检票位置的设置、车站引导标识的设置、车站自动扶梯、隔离栏杆、车站广播导向等设备设施的设置、各种设备数量及工作人员的配备、应急措施的制定与实施等。

影响车站客运组织的因素较多，不同类型的车站其客运组织的内容有着较大的区别，中小车站的客运组织比较简单，而大车站、换乘站因客流较大、客流方向比较复杂，其客流组织也比较复杂。侧式站台的车站相对于岛式站台的车站容易将不同方向的客流分开，但不利于乘客的换乘，且售检票位置设置较分散，不利于车站管理。

7.3.2　车站日常客流组织办法

车站日常客流组织主要由进站客流组织、出站客流组织、换乘客流组织三部分组成。

1. 进站客流组织

进站客流组织，即按照进站客流的路线流程进行组织。有下列几种方式。

（1）组织引导客流经出入口、楼梯、自动扶梯（或垂直电梯），通过通道进入车站站厅层非付费区。

（2）组织引导部分乘客在自动售票机、客服中心或临时售票亭购票后检票通过进站闸机进入付费区，引导部分持储值票、月票等不用购票的乘客直接检票通过进站闸机进入付费区。

（3）乘客入闸检票或人工检票进入站厅付费区后，组织引导乘客再通过楼梯、自动扶梯（或垂直电梯）进入站台层候车。

（4）乘客到达站台，应组织引导乘客站在黄线内候车，通过导向标识和乘客咨询系统选择乘车方向和了解列车到发时刻。

（5）列车到站停稳开门后，引导乘客按先下后上的顺序乘车，站台工作人员要注意做好引导工作，防止乘客因抢上抢下导致安全和纠纷问题的产生。

2. 出站客流组织

出站客流组织，即按照出站客流的流动过程进行客流组织，有下列几种方式。

（1）乘客下车到达车站站台，组织引导其经楼梯、自动扶梯（或垂直电梯）进入站厅层付费区。

（2）通过出站闸机（单程票出闸时将被收回）或人工验票，进入站厅层非付费区后，组织引导乘客找到相应的出入口，经通道、出入口出站。

（3）组织引导车票车资不足（无效车票）或无票乘车的乘客到客服中心办理相关补票事宜后，方可出站。

3. 换乘客流组织

按照换乘地点的不同，客流换乘形式主要有两种，即付费区换乘和非付费区换乘。

（1）付费区换乘。乘客到达换乘站下车后，不需要通过出站闸机，直接在付费区内根据换乘导向标志指引经楼梯、自动扶梯（或垂直电梯）、换乘通道或平台到达另一站台层换乘候车。付费区换乘一般包括同站台平面换乘、站台立体换乘、通道换乘。这种换乘组织要求有良好的引导标志和通道设计，在容易走错方向的地点安排工作人员值守引导，保证乘客尤其是初乘者安全顺利地完成换乘。

（2）非付费区换乘。乘客到达换乘站下车后，根据换乘导向标志指引，经楼梯、自动扶梯（或垂直电梯）到达站厅层付费区，通过出站闸机进入非付费区或出站，到另一线路重新进入付费区或进站进行换乘。这种换乘组织需要最大限度地缩短乘客的走行距离，具有良好的衔接引导标志，并且要避免换乘客流与其他进、出站客流的交叉干扰。

（3）换乘方式。换乘方式首先决定于轨道交通两条线路的走向和相互交织形式。一般常见的有垂直交叉。斜交、平行交织等多种线路交织形式。轨道交通不同线路间的换乘方式主要有站台直接换乘、站厅换乘、通道换乘、站外换乘和组合式换乘几种类型。

① 站台直接换乘。站台直接换乘有两种方式，同站台换乘和上下层站台换乘。

同站台换乘一般适用于两条平行交织的线路，且采用岛式站台的设计，两条不同线路的车辆分别停靠同一站台的两侧，乘客换乘时，由岛式站台的一侧下车，穿越站台至另一侧上车，即完成了转线换乘，换乘极为方便。同站台换乘要求站台能够满足换乘高峰客流量的需要，乘客不需要换乘行走，换乘时间最短，但换乘方向受限。双岛式站台通过同一个站厅能实现四个方向的换乘；单岛式站台每一层只能实现两个方向的换乘。其余换乘方向的乘客仍然要通过站厅或自动扶梯、楼梯进行换乘，换乘时间相应增加。在所有换乘方式中同站台换乘的换乘能力最大，适用于优势方向换乘客流较大的情形。这种换乘方式的主要制约因素是站台的宽度和列车的行车间隔，前者关系到站台的容量，后者关系到站台出清速度的快慢。

② 站厅换乘。站厅换乘一般用于相交车站的换乘，设置两线或多线的共用站厅，或相互连通形成的换乘大厅。乘客下车后，无论是出站还是换乘，都必须经过站厅，再根据导向标志出站或进入另一个站台继续乘车。由下车客流到站厅分流，减少了站台上人流交织，乘客行进速度快，在站台上的滞留时间减少，但换乘距离比站台直接换乘要长。若换乘过程中需要进出收费区，检票口的能力可能成为限制因素。站厅换乘方式中，乘客换乘线路必须先上

（或下），再下（或上），换乘总高度落差大。若站台与站厅之间有自动扶梯连接，可改善换乘条件。这种换乘方式有利于各条线路分期修建、后期形成。

③ 通道换乘。通道换乘是指在两个或几个单独设置车站之间设置联络通道等换乘设施，方便乘客完成换乘。通道可直接连接两个站台，这种方式换乘距离较近，换乘时间较短；通道还可连接两个站厅收费区，换乘距离相对较远，换乘时间较长。一般情况下，换乘通道长度不宜超过 100 m，换乘通道的宽度可根据客流状况加宽。这种换乘方式最有利于两条线路工程分期实施，预留工程最少，后期线路位置调节有较大的灵活性。

④ 站外换乘。站外换乘是指乘客在车站付费区以外进行换乘。此种换乘方式往往是客观条件不允许或设计不当造成的。乘客换乘路线可分割为出站行走、站外行走和进站行走，在所有换乘方式中站外换乘所需的换乘时间和换乘距离最长，给乘客的换乘带来很大不便，应尽量避免。对轨道交通线路自身而言，站外换乘是缺乏线网规划造成的一种后遗症。

⑤ 组合式换乘。在换乘方式的实际应用中，往往采用两种或几种换乘方式组合，以便使所有换乘方向的乘客均能实现换乘。同时组合式换乘可改善换乘条件，方便乘客的使用。例如，同站台换乘方式辅以站厅或通道换乘方式，可使所有的换乘方向都能换乘；站厅换乘方式辅以通道换乘方式，可以减少预留的工程量。组合式换乘可进一步提升换乘通过能力，同时还具有比较大的灵活性，工程实施比较方便。

7.3.3　车站大客流的组织

城市轨道交通线路的走向一般都是客流集中的交通走廊，连接着重要的客流集散点，如铁路车站、汽车客运站、航空港、航运港等交通枢纽，大型商业经济活动中心体育场、博览会、大剧院等重要文体活动中心，以及规模较大的住宅区等。正因为如此，某些特殊车站会不定期地遇到大客流。为了保证乘客的安全和正常的运营秩序，这些车站在客流组织方面应备有完善的运营组织方案和措施。在一定程度上这些方案措施补救了硬件设施的缺陷。

1. 大客流的概念

大客流是指车站在某一时段集中到达的、客流量超过车站正常客运设施或客运组织措施所能承担的流量时的客流。

一般来说，大客流出现的时间具有规律性，如每天由通勤原因引起的早晚高峰；大城市上班高峰大约在 7:30—9:30；下班高峰大约在 4:30—6:30。同时还应预见外界因素引起的大客流，如节假日伴随的旅游高峰期；举办重大活动（大型体育赛事、文艺表演等）；风、雨、雪等恶劣天气情况，都可引起客流的大幅增加。

2. 大客流的分类

根据大客流产生的影响和后果不同，可分为一级大客流和二级大客流。

1）一级大客流

一级大客流的判定标准：各车站根据本站的正常乘客数量进行比较，站台聚集人数达到或大于站台有效区域的 80%，并且持续时间大于实际行车时间间隔。这种情况会给乘客及轨道交通运营安全造成影响，存在明显的安全隐患。

2）二级大客流

二级大客流判定标准：各车站根据本站的正常乘客数量进行比较，站台聚集人数达到站台有效区域的70%，并有持续不断上升的趋势。这种情况下，乘客的正常出行和轨道交通所提供的服务水平受到一定程度的影响，车站比较拥挤，乘客感觉比较压抑，但尚未对乘客及轨道交通运营安全造成影响。

3. 车站大客流组织的影响因素

城市轨道交通运营企业会根据每个车站的具体位置、站台形式、设备配置方式、客流特点等因素，有针对性地编制该车站的客流组织方案。车站大客流的组织，主要考虑下列影响。

（1）车站出入口及通道的设置。车站出入口及通道的数量、规模和位置在设计之初已经确定，一般不能再改变。车站大客流组织应根据车站进出客流的方向和数量，灵活选择关闭或开放。车站出入口的数量和位置，同时可改变或限定通道内乘客流动的方向，达到限制乘客进站数量和流动速度的目的。从运输安全和消防疏散的角度考虑，每个车站必须保持开通两个以上出入口及通道。

（2）站厅的面积。根据城市轨道交通客流组织经验，站厅容纳率一般为2～3人/m^2。

（3）站台的面积。站台主要供列车停靠时乘客上下车使用，站台的设计应满足远期预测客流的需要，且站台的宽度应满足高峰小时客流量的需要。

（4）楼梯与通道的通过能力。根据《地铁设计规范》（GB 50157—2013）规定，为保证一定的通过能力，楼梯的宽度不小于1.8 m，通道的最小宽度应不小于2.4 m。单向行走时楼梯的通过能力一般按70人/min（下行）、63人/min（上行）及53人/min（混行）计算。若采用自动扶梯，通行能力可达100～120人/min。通道的通行能力则按88人/m·min（单向）、70人/m·min（双向）计算。

（5）自动售检票设备的通过能力。

（6）列车输送能力。列车输送能力是车站大客流组织的主要影响因素，而影响列车输送能力的两大因素则是行车间隔和车辆荷载。列车行车间隔越小，车辆满载率越高，对车站客流组织的压力越大。

4. 车站大客流的组织原则

（1）地铁控制中心（OCC）负责地铁线路的客流组织工作，车站的客流组织由值班站长负责。

（2）在大客流的情况下，车站应采取有效措施对车站人流进行控制。客流控制应遵循由内至外、由下至上的原则。

（3）如果站台乘客数量大，必须进行入闸机控制点的客流控制，控制乘客前往站台的数量。

（4）如果站台乘客数大于站台容积能力，站厅乘客数量大于站厅容积能力，就必须对出入口控制点进行控制，临时限制或者不允许乘客进站。

5. 车站大客流的组织措施

1）增加列车运能

可根据预测客流量，提前编制针对大客流的特殊情况下的列车运行图，从运能上保证大客流的运营组织。在大客流发生时，根据大客流的方向，利用就近的折返线、存车线组织列车运行方案，增开临时列车，从而保证大客流的疏散。增加列车的运能是大客流组织的关键。

2）增加售检票能力

售检票能力是大客流疏散的主要障碍，车站在设置售检票位置时应考虑提供疏散大客流的通道。当可预见的大客流情况发生时，可事先做好相应的票务服务准备工作。

（1）售检票设备的准备。在大客流发生前，设备维护人员应事先对车站全部售检票设备进行维护、检修，确保在大客流发生时售检票设备能正常使用。

（2）车票和零钞的准备。车站应根据客流预测和以往大客流所消耗的车票及零钞数，在大客流发生前向票务部门申领和储备充足的车票和零钞。

（3）临时售票厅的准备。车站根据大客流的进出方向，选择在进站客流较集中的位置，设置临时售票亭。

3）做好进站客流组织工作

可根据站台是否还能容纳和承受更大的客流，分两种情况来进行进站客流组织工作。

（1）当站台还能容纳和承受更大客流时，可采取以下措施。

增加售检票能力；加开进站方向的闸机；加开通往站台方向的扶手电梯；适当延长列车停站时间；在站台上做好乘客上下车的引导工作，在保障安全的前提下，争取让更多的乘客上车，增加本次列车的运能等措施。

（2）当站台不能容纳和承受更大客流时，可采取以下措施。

暂停或减缓售票速度，关闭部分自动售票机；暂时关闭局部或全部进站方向闸机；更改扶手电梯方向，将部分或全部扶手电梯调整为向站厅层及出入口方向运行，延缓乘客进站速度；适当延长停站时间；采取进出分流等措施。

4）做好出站客流组织工作

出站客流组织工作的指导思想是保证乘客出站线路的畅通，加快出站速度使其安全快速、有序地离开车站。站务人员可采取以下措施。

更改扶手电梯方向，将部分或全部扶手电梯方向调整为向站厅层及出口方向运行；将部分或全部进站闸机更改为出站闸机；紧急情况时，可采取票务应急处理模式；如采用进站免检模式 AFC 紧急放行模式等措施。

5）采取临时疏导措施

在大客流组织中，临时合理的疏导是一项很重要的组织措施。临时疏导主要包括车站出入口、站厅层的疏导，电动扶梯以及站台层的疏导。车站出入口站厅层的疏导主要是根据临时售检票位置的设置，引导限制客流的方向。临时售检票位置宜设置在站外、站厅层较空旷的位置，应为排队购票的乘客留出充分的空间，确保通道的畅通以维护好出入口、站厅客流的秩序。电动扶梯以及站台层的疏导主要是为了尽量保证客流均与上下扶梯和尽快上下列车，保证站台候车的安全。站务人员应在靠近楼梯扶梯处站岗并分散在站台前、中后部疏导乘客。采取的疏导措施主要有设置临时导向标志、设置警戒绳或隔离栏杆、采用人工引导及通过广播宣传引导等。

6）特大客流应急措施

当车站遭遇特大客流时，应遵循由下至上、由内至外的人潮控制原则。采取站台客流控制站厅付费区客流控制、出入口（站厅非付费区）客流控制三级客流控制方法。

第一级控制站台客流，控制点可设在站厅与站台的楼梯（或电扶梯）口处，站务人员应该分散在站台的各部，维持候车、出站的秩序，确保有序、快捷的进站秩序，及时处理问题。

第二级控制付费区客流，控制点可设在进站闸机处，站务员应当确保有序、快捷的进站秩序，及时处理票务问题。

第三级控制非付费区客流，控制点在车站出入口，可在站外设置迂回的限流隔离栏杆，延长进站时间，最大限度地缓解站台层客流压力。只要严格按照上述三级客流控制方法，遭遇特大客流时是能确保乘客安全和车站秩序的。

评价与分析

班级		姓名		所在小组		
序号	评价要点	配分	得分	自我评价（20%）	组长评价（30%）	教师评价（50%）
1	课前任务完成情况	10				
2	课堂知识掌握程度	20				
3	小组任务完成情况	40				
4	小组合作配合情况	20				
5	课后任务完成情况	10				
总分						
学习小结						

项目 8　城市轨道交通车站突发事件应急处理办法

建议学时

18 学时。

学习地点

一体化实训中心。

任务 8.1　车站突发事件的处理原则及报告程序

布置任务

1. 了解车站突发事件的处理原则；
2. 掌握车站突发事件报告程序。

建议学时

8 学时。

人员分工

小组分工表

小组名称		组内分工
组长		
组员 1		
组员 2		
组员 3		
组员 4		
组员 5		
组员 6		

学习任务单

小组学习任务单

小组名称	
组员	
学习任务 1	2022 年 1 月 22 日下午 4:30 左右，某城市 15 号线某地铁车站一名老年女性乘客下车时被屏蔽门夹住，工作人员上前帮助其脱困后，经送医抢救，该乘客仍不幸身亡。 作为站务员，请口头报告以上突发事件的情况
学习任务 2	2022 年 1 月 22 日下午 4:30 左右，某城市 15 号线某地铁车站，一名老年女性乘客下车时被屏蔽门夹住，工作人员上前帮助其脱困后，经送医抢救，该乘客仍不幸身亡。 作为值班站长，请撰写一份突发事件报告书

相关资料

城市轨道交通车站及列车是人群集中的公共设施，一旦发生火灾、爆炸、恐吓等突发事件，不仅会引起轨道交通沿线的交通瘫痪，若应急处置不当，势必会造成群死群伤的严重后果，会严重地影响社会秩序。当轨道交通车站发生突发事件时，各岗位员工应遵循突发事件的处理原则，团结协作、迅速高效地妥善处置，防止事故的扩大、升级，最大限度地减少事故造成的危害损失。

8.1.1　车站突发事件的处理原则

（1）突发事件发生时，地铁运营公司的应急处置指导思想是先控制、后处置，救人第一。

（2）突发事件现场应急处置的重点是控制事故源头、危险区域，组织人员撤离和抢救受伤人员。

（3）各岗位员工应按规定程序及时间，及时向有关方面报告，迅速开展工作，尽一切可能控制事故的扩大，以减少伤害损失。

（4）各岗位员工应沉着冷静，严格执行规定的标准和程序，优先组织人员疏散、伤员抢救，做好乘客疏导和安抚工作，维持秩序，以免乘客恐慌。

（5）各岗位员工应坚守岗位，立即进入突发事件抢险救灾状态，兼顾重点设备和环境的防护，采取一切可能措施减少损失。

（6）兼顾现场的保护工作，以利于公安、消防和事件调查部门的现场取证。

（7）员工在处理应急事件时，坚持对外宣传归口管理的原则，不得擅自发布相关信息。

（8）坚持就近处理的原则，在上一级事故处理负责人到达现场前，由当前责任人担任现场指挥，担负临时事故处理负责人职责。

8.1.2　车站突发事件的报告程序

1. 车站突发事件的报告原则

（1）迅速、准确、完整的原则。

（2）逐级上报的原则。事故发生在区间，列车司机应立即上报行车调度员；事故发生在车站内或车厂内，车站值班站长或车厂调度员应立即上报行车调度员。

任何员工发现或接到突发事件信息，均应立即执行规定的通报流程，不得延误、中断或缺漏。

2. 事故报告前应采取的行动

在报告事故前，站务人员应根据事故的严重性，果断采取下列其中一项行动。

（1）若发现任何可能影响列车安全运行的情况，例如信号设备损坏、异物落入轨道等异常情况，必须立即采用下列方法，截停可能受影响的列车。

操作车站控制室内的紧急停车按钮；按动站台紧急停车按钮；猛烈摇动“危险”手信号，

或猛烈摇动任何物品。

（2）若发现设备或装置有故障，则必须立即停用或隔离有关故障设备/装置。

3. 突发事件的报告内容

报告突发事故时，应尽可能全面，包括下列内容：① 报告人姓名、职务、单位；② 事件发生的时间（时、分）、地点（区间、百公尺标、公里标或股道）；③ 事件发生的概况、原因（若能初步判断）及对运营影响的程度；④ 人员伤亡情况、设施设备损毁情况；⑤ 已经采取的措施；⑥ 请求救援的内容（例如：公安、消防、救护等）；⑦ 其他必须说明的内容。

4. 突发事件报告流程

突发事件发生后，现场人员应严格遵守报告程序迅速上报，调度控制中心根据当时各部门、各车站上报的情况及时汇总，确认突发事件性质、原因，作出准确判断，高效调动、协调企业内外资源，确保事态得到有效控制，力争将损失降到最低。因此，地铁公司内部必须建立起一套严格、高效的信息传递程序。

评价与分析

班级		姓名		所在小组		
序号	评价要点	配分	得分	自我评价（20%）	组长评价（30%）	教师评价（50%）
1	课前任务完成情况	10				
2	课堂知识掌握程度	20				
3	小组任务完成情况	40				
4	小组合作配合情况	20				
5	课后任务完成情况	10				
总分						
学习小结						

任务 8.2　车站突发事件应急处理办法

布置任务

1. 掌握车站火警应急处理；
2. 掌握站外失火应急处理办法；
3. 掌握列车失火应急处理办法；
4. 掌握乘客受伤事故处理办法；
5. 掌握列车撞人、撞物事故处理办法；
6. 掌握炸弹、不明气体、物体恐吓/袭击事件应急处理办法。

建议学时

6 学时。

人员分工

小组分工表

小组名称		组内分工
组长		
组员 1		
组员 2		
组员 3		
组员 4		
组员 5		
组员 6		

学习任务单

小组学习任务单

小组名称	
组员	
学习任务 1	1. 了解“2・18”韩国大邱地铁纵火案； 2. 模拟操作，以小组为单位，模拟操作：如果你是“2・18”韩国大邱地铁纵火案中中央路车站的值班站长，应该如何组织车站的应急处置
学习任务 2	模拟操作，2023 年 9 月 18 日，上海地铁 1 号线黄陂南路站发生乘客被卡站台缝隙事件，如果你是当班工作人员，应该如何进行处理
学习任务 3	模拟操作，2023 年 9 月某日，某地地铁 1 号线 A 车站，值班站长接到恐吓信，有人宣称已经将炸弹放在站内，如果你是当班工作人员，应该如何进行处理

相关资料

8.2.1 车站火警应急处理

由于城市轨道交通车站的建设的特殊性，一旦发生火灾，将会给城市轨道交通运营企业、人民群众带来巨大的生命及财产损失。因此，正确处理车站火灾，对城市轨道交通运营管理工作，具有重要的意义。

1. 车站火警的处理原则

火警处理的首要原则是保障乘客及工作人员的生命安全。一旦生命安全受到威胁，所有人员必须立即撤离至安全的范围，任何员工若发现地铁范围内发生火灾，必须立即通知有关车站的值班站长，并通过行车调度员要求消防部门协助，同时在确保个人人身安全的情况下，可以尝试将烟火扑灭。

2. 车站（运营期间）失火应急处理办法

（1）火警警报响起时，值班站长通过 FAS、BAS 系统确认报警位置，派 1 名车站员工前往该范围查看。

（2）车站员工携带无线电对讲机前往事发地点，找出报警原因；实时通知值班站长是否发生火警，火警是否已触动了防火系统。

（3）如果警报为误报，值班站长要及时通知行车调度员及站内所有员工。

（4）若发生火警，现场员工视情况需要手动操作防火系统；或在安全的情况下，使用灭火器灭火；与现场保持安全距离，并警告其他人远离该处，直至消防人员到场。

（5）值班站长确定火警警报属实后，若火势较大，应立即通知行车调度员召唤消防人员到场，并遵照车站疏散程序组织乘客撤离。

（6）启动车站排烟模式。

（7）乘客疏散完毕后，关闭车站出入口（紧急出入口除外）。

（8）如果火势很大，值班站长应组织员工撤离车站到紧急集合地点集中，并安排人员在指定出入口引领消防人员到现场灭火。

（9）消防人员到场后，值班站长汇报有关情况，将灭火工作交给消防人员，并加入应急处理救援工作中。

（10）协助事故调查工作。

（11）值班站长接到可以恢复运营的指令后，清理现场，恢复运营。

8.2.2 站外失火应急处理办法

（1）如果发现烟气经由通风井进入站内，必须执行相关程序，阻截烟气继续进入。

① 值班站长相关工作。由行调处取得该车站环控设备的控制权；将车站公共范围的通风设备关掉；通知行车调度员将有关通风设备关掉，关闭相应的风闸。

② 行车调度员相关工作。指示环控调度员操作有关环境控制系统设备。

（2）如果发现有烟经由车站入口扩散到公众范围，应执行下列程序。

① 值班站长的相关工作。通知行车调度员，说明烟的浓度；关闭有关的入口；取得该车站环控设备的控制权，操作环控设备。

② 行车调度员的相关工作。应提示各邻站的值班站长取得所管辖车站环控设备的控制权；将车站公众范围的通风设备关掉；操作环境控制系统设备，帮助驱散受影响车站的浓烟；另外，各邻站值班站长应取得所管辖车站环控设备的控制权。

8.2.3　列车失火应急处理办法

（1）列车在站台失火应急处理办法

列车在车站发生火灾时，驾驶员应迅速打开站台侧所有车门，使用车内灭火器进行扑救，对乘客进行广播疏散，配合车站工作人员的引导将乘客疏散到安全区域。

（2）列车在区间失火应急处理办法

列车在区间发生火灾时，地下线路运行的列车应尽一切可能运行到前方车站，及时向行调报告，请求前方车站协助；若无法运行到前方车站，驾驶员应立即向行调报告并进行初期灭火扑救，同时将起火车厢的乘客疏散到其他车厢，确认灭火器不能抑制火灾时，请求行调接触轨停电，就地疏散乘客。

8.2.4　乘客受伤事故处理办法

如果遇到乘客受伤的情况，应该按照以下现场处理程序进行。

（1）车站现场工作人员发现或接到受伤乘客求救时，应立即报告当值值班站长并赶赴现场，了解伤（病）者情况及初步原因。

（2）如因地铁设备造成事故，应立即停止该设备运作（影响列车运行的设备除外），并报告车站控制室。

（3）疏散围观群众，寻找目击证人，收集、记录有关证人资料。

（4）如果乘客需要，站务员要对乘客外伤进行简单的包扎处理。

（5）如调查需要，应保护好现场，必要时对有关区域进行隔离，并用相机记录现场有关情况。

（6）必要时，根据值班站长安排，站务人员到紧急出入口引导急救中心人员进站。

（7）必要时协助警方进行事故调查。

8.2.5　列车撞人、撞物事故处理办法

车站发生撞人、撞物等事故后，各站务岗位人员应急处理程序如下。

值班站长相关工作。

车站发生撞人或撞物，造成伤亡事件，行车值班员应立即向行调、公安派出所报告，通知值班站长、站区长等上级领导。

值班站长应立即到达现场并在上级领导及公安人员未到达之前担任现场负责人，组织指

挥现场处理工作：

（1）指定专人负责挽留两名以上非地铁员工的目击者作为人证，索取证明材料，证人有急事不能留下时，应记下其工作单位、家庭住址及联系电话等。

（2）利用车站广播设施做好乘客宣传解释工作，劝导乘客改乘其他交通工具。

（3）售检票人员维护好站厅秩序，依据现场情况采取限制售票或停止售票方式控制乘客进站。

（4）需下站台查看及处理时，必须在接触轨停电后由现场负责人指定专人进行。

（5）现场查看时，在未发现之前或当事人未死亡的情况下，严禁送电、动车，找到被轧者后应查看其伤亡情况，无法断定是否死亡的一律按伤者处理，应设法将其尽快移至站台。

（6）如果被轧者未亡，尽一切努力避免动车救人，但在只有动车方可救人的情况下，由现场公安人员作出动车决定。

（7）需对伤者进行救护时，应及时通知市急救中心，指派专人到指定出入口迎候救护车辆。

（8）如果当事人已经死亡，其位置不妨碍列车运行，可先行送电通车；如果其位置妨碍列车运行，可将尸体移上站台或移至边墙、道沟等不侵界位置，再行送电、通车，必要时再次停电处置，做好标记。

（9）除现场处理，其他车站工作人员应做好遣散围观乘客，维护站台站厅秩序工作。

8.2.6 炸弹、不明气体、物体恐吓/袭击事件应急处理办法

1. 炸弹、不明气体、物体恐吓事件应急处理办法

当地铁工作人员接到电话、书面或电子邮件等各种形式的恐吓信息时，应按下列应急预案开展工作。

（1）接获恐吓信息后，地铁员工应立即向其上级领导报告。控制中心（OCC）应立即向公安部门报告该恐吓事件，并通知受影响车站的值班站长、行车线上的列车驾驶员及各紧急救援抢险部门。

（2）由公安部门确定恐吓信息的真实性，在车站进行不公开或公开的搜索行动。

（3）车站接到恐吓信息后，不公开搜索程序。

① 值班站长安排停止所有清洁工作，依次搜索所有公众范围及所有非公众范围，及时将最新进展通知值班经理。

② 公安人员前往有关车站，参与搜索行动，与值班站长保持密切联系，了解搜索工作的最新进展。

③ 若发现可疑物品或有毒气体，值班站长应立即封锁现场，决定局部或完全疏散车站，并立即通知值班经理。进行疏散前，必须先搜索所有疏散路线，确保疏散乘客的安全。

④ 若未发现可疑物品或有毒气体，值班站长应报告公安人员负责人，请示是否进行二次搜索。公安人员负责人向所有搜索人员查询搜索情况，将搜索结果上报上级公安部门。

2. 爆炸事件应急处理办法

地铁线路或列车发生爆炸事件时，有关单位、部门应按以下应急预案开展工作。

车站工作人员相关工作。

① 车站发生爆炸后，就近岗位站务人员应迅速准确查明爆炸发生的时间、地点、涉及列车的车次、人员伤亡等情况，立即向行车值班员报告。

② 行车值班员接到站务人员报告后，应立即向行调、公安派出所报告，通知值班站长、站区长等各级领导。

③ 值班站长应立即到达现场并在上级领导及公安人员未到达之前担任现场负责人，组织指挥现场处理工作。

3. 不明气体袭击事件应急处理办法

（1）车站发生不明气体袭击后，就近岗位站务人员应迅速佩戴防护装备，迅速查明事件发生的时间、地点、涉及列车的车次、人员伤亡等情况，立即向行车值班员报告。

（2）行车值班员接到站务人员报告后，应立即向行调、公安派出所报告，通知值班站长、站区长等各级领导。

（3）行车值班员应立即采取措施，防止其他列车进入车站。

（4）行车值班员应立即通知机电人员启动防灾应急模式，关闭相关车站送排风系统。

（5）值班站长应立即到达现场并在上级领导及公安人员未到达之前担任现场负责人，组织指挥现场处理工作。

评价与分析

班级		姓名		所在小组			
序号	评价要点	配分	得分	自我评价（20%）	组长评价（30%）	教师评价（50%）
1	课前任务完成情况	10				
2	课堂知识掌握程度	20				
3	小组任务完成情况	40				
4	小组合作配合情况	20				
5	课后任务完成情况	10				
总分						
学习小结						

任务 8.3　自然灾害车站应急处理办法

布置任务

1. 掌握车站水灾应急处理办法；
2. 掌握地震应急处理办法；
3. 掌握恶劣天气应急处理办法。

建议学时

6 学时。

人员分工

小组分工表

小组名称		组内分工
组长		
组员 1		
组员 2		
组员 3		
组员 4		
组员 5		
组员 6		

学习任务单

小组学习任务单

小组名称	
组员	
学习任务 1	小组模拟演练：2023 年 9 月 7 日，暴雨突袭深圳地铁车站，洪水倒灌，造成多辆车被淹，如果你是当班工作人员，应该如何进行处理
学习任务 2	小组模拟演练：1971 年 10 月，加拿大蒙特利尔地铁系统发生了一场灾难性的地震，导致地铁隧道崩塌，造成 28 人死亡。如果你是当班工作人员，应该如何进行处理
学习任务 3	小组模拟演练：2020 年 11 月 19 日，长春出现严重的冻雨天气。在这样的天气状况下，长春轻轨轨道交通 3 号、4 号、8 号线全部停运，如果你是当班工作人员，应该如何进行处理

相关资料

8.3.1　车站水灾应急处理办法

车站工作人员的相关工作。

如果城市轨道交通车站，发生水灾应急情况时，车站有关人员应按下列程序进行处置。

（1）任何员工一旦发现水灾发生，应立即报告值班站长以下情况：水灾发生的位置、流量、水源来自哪里、哪些设备可能会受到影响。

（2）值班站长向行调报告：本站发生水淹事故，本站受到影响的区域、是否影响乘降及受影响设备的情况。

（3）值班站长携带防洪装备赶往事发位置，命令站务人员和保洁人员前往水灾区域。

（4）值班站长到达现场后评估情况，向行调汇报最新进展，视情况需要请求机电等部门人力支援。

（5）站务人员尝试用防洪板、沙包或其他填充物阻断水源，或抑制流量，在周边用提示牌和警戒线布置禁行区。

8.3.2　地震应急处理办法

如果发生地震，地震发生后，值班站长立即向行调汇报是否影响行车；是否有人员、设备、线路、车辆受损；是否需要召唤紧急服务（公安、急救、消防）。一旦确定发生四级以上强度的地震，值班站长必须安排车站员工：

（1）亮起所有隧道灯；

（2）检查所有系统是否运作正常，特别是供电、通信、信号及环境控制系统运作状况；

（3）在确保自身安全的前提下，巡视车站建筑、设施，巡视出入口及站外情况，发现有任何异常情况，立即通知值班站长。

值班站长接到车站巡视结果后，立即向行调、故障报警中心报告设备、结构损毁的情况；如果站台有列车停车，按照行调指示立即对列车进行清客作业；停止所有作业，查看是否有工作人员或乘客受伤。若发现有任何人员受伤，则立即展开救助工作；如果发现建筑物损毁或阻塞，应立即疏散、封锁危险区域，安排人员驻守，制止他人接近；如果地震强度较大，建筑物、设备设施损毁严重，则应立即执行车站紧急疏散程序。

8.3.3　恶劣天气应急处理办法

1. 大风、沙尘天气的危害及应急处理办法

当风力超过 7 级时可对车站运营造成影响，接到控制中心（OCC）发布的有关恶劣天气的信息后，车站须检查悬挂物，以免脱落物砸伤乘客及员工；指派专人对站台上的可移动物品进行加固；督促保洁人员清理车站卫生；露天段车站做好停运、客流疏散准备；如有其他异常立即上报控制中心（OCC）。

2. 雪天的危害及应急处理办法

值班站长应通知所有工作人员，通报恶劣天气的相关情况，做好雪天应急处置工作。

站务人员在出入口、楼梯口铺设防滑垫和提示牌，同时组织人力及时清扫出入口积雪；值班站长通知保洁人员注意出入口、楼梯口等区域的卫生状况；站务人员在客流量较大的出入口疏导乘客进出站；行车值班员通过 PA、PIS 系统向进站乘客宣传安全、防滑的事项；行车值班员通过 CCTV 系统密切关注进出站的客流变化，并随时向值班站长汇报。值班站长要随时掌握运营现场和天气情况，并随时做好延长运营时间的准备工作；地面线路有道岔的车站，应做好道岔的清扫及融雪工作。

评价与分析

<table>
<tr><td>班级</td><td></td><td>姓名</td><td></td><td>所在小组</td><td colspan="2"></td></tr>
<tr><td>序号</td><td>评价要点</td><td>配分</td><td>得分</td><td>自我评价
（20%）</td><td>组长评价
（30%）</td><td>教师评价
（50%）</td></tr>
<tr><td>1</td><td>课前任务完成情况</td><td>10</td><td></td><td></td><td></td><td></td></tr>
<tr><td>2</td><td>课堂知识掌握程度</td><td>20</td><td></td><td></td><td></td><td></td></tr>
<tr><td>3</td><td>小组任务完成情况</td><td>40</td><td></td><td></td><td></td><td></td></tr>
<tr><td>4</td><td>小组合作配合情况</td><td>20</td><td></td><td></td><td></td><td></td></tr>
<tr><td>5</td><td>课后任务完成情况</td><td>10</td><td></td><td></td><td></td><td></td></tr>
<tr><td>总分</td><td colspan="6"></td></tr>
<tr><td>学习小结</td><td colspan="6"></td></tr>
</table>